百子莲离体细胞超低温保存技术

——单壁碳纳米管改善百子莲胚性愈伤组织超低温保存技术研究

张荻 任丽 著

上海交通大学出版社
SHANGHAI JIAO TONG UNIVERSITY PRESS

内容提要

　　本书通过热物性分析、亚细胞定位、抗性生理、基因定量分析揭示单壁碳纳米管(CNT)对植物细胞的潜在作用靶点、理化性质及生物过程的影响。在学科交叉的基础上系统地揭示 CNT 对改善植物胚性细胞冻后细胞活性的作用机制,为碳纳米材料在观赏植物种质资源保存领域的应用提供理论与实践依据。

　　本书适用于风景园林、观赏园艺、植物学等相关学科方向的研究人员、高校师生及从业人员。

图书在版编目(CIP)数据

　　百子莲离体细胞超低温保存技术 / 张荻,任丽著. —上海:上海交通大学出版社,2019
　　ISBN 978-7-313-21567-3

　　Ⅰ.①百… Ⅱ.①张…②任… Ⅲ.①石蒜科-细胞-超低温保存·
Ⅳ.①Q949.71

　　中国版本图书馆 CIP 数据核字(2019)第 141344 号

百子莲离体细胞超低温保存技术
——单壁碳纳米管改善百子莲胚性愈伤组织超低温保存技术研究

著　　者:	张　荻　任　丽			
出版发行:	上海交通大学出版社	地　　址:	上海市番禺路 951 号
邮政编码:	200030	电　　话:	021-64071208
印　　刷:	江苏凤凰数码印务有限公司	经　　销:	全国新华书店
开　　本:	710mm×1000mm　1/16	印　　张:	7.5
字　　数:	103 千字			
版　　次:	2019 年 8 月第 1 版	印　　次:	2019 年 8 月第 1 次印刷
书　　号:	ISBN 978-7-313-21567-3/Q			
定　　价:	69.00 元			

前　言

据统计,地球上有记载的植物种类约有 55 万种,目前被人类栽培利用的植物种类约有 1 500 多种。随着人类生活和文明程度的提高,特别是近年来生物技术的迅速发展,人类对植物种质的开发、利用和依赖程度都达到了前所未有的高度。然而另一方面,我们又面临着物种灭绝,种质资源流失速度加快的局面。目前陆地生态系统面临较大威胁,全球 34 个生物多样性热点地区孕育着地球 50% 以上的植物物种,其占陆地面积从起初的 15.7% 已下降至 2.3%。在过去的 300 年中,物种灭绝速度被人为地提高了 1 000 多倍。超过 8 000 种的观赏植物正处于灭绝的边缘。提倡生态文明、维持生物多样性、保护重要遗传资源迫不及待。1973 年联合国粮农组织和国际生物计划联合召开的作物种质资源工作组会议上明确阐述了建立长期的植物种质资源保存的行动计划(包括建立种子作物、无性繁殖作物、木本植物等的搜集、离体保存及长期保存技术等)。我国"十三五"重点研发计划的六个试点专题中已将"林业资源培育及高效利用技术创新",尤其是珍稀濒危种质资源保存列为重要研究内容。

传统的植物种质资源保存方法主要有原生境保存和异生境保存两种。原生境保存是在植物原来的生态环境下就地保存与繁殖,因此被看作植物的"天然基因库"。但是由于原生境保存受到了人力、物力资源的限制,只能保存相对有限的物种。并且由于较少的人为干预,它仍不能彻底摆脱濒危物种灭绝的问题。异生境保存是指在植物原产地以外的地方保存和繁殖植物,如以保存完整植物为主的植物园或种质资源圃和保存种子为主的种子库。但田间种质库保存植物种质资源需要大量的土地和人力资源,成本高,且易遭受各种自然灾害的侵袭。而种子库只能保存正常型种子,对于顽拗型的种子和有性繁殖困难的植物则无能为力。

为了解决传统保存方法中遇到的问题,1975年Henshaw首次提出离体培养保存植物种质的策略,并受到国际植物界的高度重视。离体培养保存主要是利用组织培养技术获得特定培养材料进行种质保存的方法。然而由于在离体培养保存过程中长期频繁的继代培养不仅需要相当的人力和物力投入,而且存在着材料遗传性变异和由于人为的原因造成的材料损失的可能性。

为了解决这一问题,超低温保存应运而生,它是低温生物学和微型繁殖技术相结合的植物种质资源离体保存技术,是在液氮(-196℃)甚至更低温度下长期保存植物种质资源的方法。超低温保存生物材料的单篇报道可追溯到18世纪,但直到1973年才首次成功地在液氮中保存了胡萝卜悬浮细胞。40多年来植物种质超低温保存技术取得突破性进展,涉及保存的材料有原生质体、悬浮细胞、愈伤组织、体细胞胚、合子胚、花粉胚、花粉、茎尖(根尖)分生组织、芽、茎段、种子等。

超低温保存是植物种质资源中长期保存的最佳途径,提高超低温保存冻后细胞活性并揭示其作用机制是该领域的重要科学问题。本书从超低温保存体系优化的角度出发,采用碳纳米材料作为冷冻保护剂外源添加物质,在学科交叉的基础上系统地揭示单壁碳纳米管对改善百子莲胚性愈伤组织冻后细胞活性的作用机制,为碳纳米材料在超低温保存领域的应用提供理论依据,进一步丰富植物超低温保存理论。

本书受国家自然科学基金面上项目(31870686)和上海市农业科学院学科领域建设专项支持得以出版。书中存在的错漏不足之处,望广大读者批评指正。

缩略语表

英文缩写	英文全称	中文全称
$^1O_2$	singlet oxygen	单线态氧
ABA	Abscisic acid	脱落酸
AFP	Antifreeze protein	抗冻蛋白
APX	Ascorbate peroxidase	抗坏血酸过氧化物酶
AQP	Aquaporin	水通道蛋白
AsA	Ascorbic acid	抗坏血酸
CA	Cold acclimation	低温预培养
CAT	Catalase	过氧化氢酶
CNT	Carbon Nanotube	碳纳米管
EC	Embryogenic callus	胚性愈伤组织
EG	Ethylene glycol	乙二醇
GB	Glycine betaine	甘氨酸甜菜碱
Glu	Glucose	葡萄糖
Gly	Glycerol	丙三醇
GR	Glutathione reductase	谷胱甘肽还原酶
GSH	Reduced glutathione	还原型谷胱甘肽
HA		纳米微粒羟基磷灰石
H_2O_2	Hydrogen peroxide	过氧化氢
IAA	Indole-3-acetic acid	生长素
KF7G	Kaempferol-7-O-glucoside	山奈酚 7 氧葡萄糖苷
LA	Lipoic acid	硫辛酸
LN	Liquid nitrogen	液氮
MAPK	Mitogen-activated protein kinase	促分裂原活化蛋白激酶
MDA	Malondialdehyde	丙二醛
Me_2SO	Dimethyl sulfoxide	二甲基亚砜

（续表）

英文缩写	英文全称	中文全称
MEL	Melatonin	褪黑素
MS	Murashige and Skoog medium	MS 培养基
MWCNTs	Multi-wall carbon nanotubes	多壁碳纳米管
O_2^-	Superoxide anion	超氧阴离子自由基
OH·	Hydroxy radical	羟自由基
OXI1	Oxidative signal-inducible 1	丝氨酸/苏氨酸蛋白激酶
PCD	Programmed cell death	细胞程序性死亡
PCR	Polymerase chain reaction	聚合酶链式反应
PIC	Picloram	毒莠定
POD	Peroxidase	过氧化物酶
PVA	Polyvinyl alcohol	聚乙烯醇
PVP	Polyvinylpyrrolidone	聚乙烯吡咯烷酮
PVS	Plant vitrification solution	玻璃化溶液
RF	Rapid freezing	快速冷冻
ROS	Reactive oxygen species	活性氧簇
SF	Slow freezing	慢速冷冻
SOD	Superoxide dismutase	超氧化物歧化酶
Sor	Sorbitol	山梨醇
Suc	Sucrose	蔗糖
SWCNTs	Single-wall carbon nanotubes	单壁碳纳米管
Tg	Glass transition temperature	玻璃化转变温度
TS	Two-step freezing	二步法冷冻
TTC	Triphenyltetrazolium chloride	氯代三苯基四氮唑
VC	Vitamin C	维生素 C

目　录

第1章　绪　论

1.1　植物种质资源的玻璃化法超低温保存

1.1.1　超低温保存的概念和方法

种质资源(germplasm resources)是决定生物种性并将其丰富的遗传信息从亲代传递给子代的遗传物质的总称,是物种进化、遗传学研究及植物育种的物质基础(马千全等,2007)。农业生产是在现有种质资源的基础上进行的,由于自然灾害和生物之间的竞争以及人类活动对大自然的影响,已有相当数量的植物物种在地球上消失或正在消失。具有独特遗传性状的生物物种的绝迹是一种不可挽回的损失。利用植物组织和细胞低温保存种质,可大大节约人力、物力和土地,长期保存种质的遗传稳定性,保持稀有珍贵及濒危植物的种质资源,保持不稳定性的培养物(如单倍体),保持培养细胞形态发生的能力,防止种质衰老,同时也便于种质资源的交换和转移,防止有害病虫的人为传播,给保存和抢救有用基因带来了希望(见图1-1)。

植物种质资源超低温保存(cryopreservation)是指在-196~-100℃甚至更低温度下保存材料,通常在液氮(liquid nitrogen,LN)中保存,在这样的环境下细胞内的代谢过程和生命活动几乎完全停止,达到长期保存种质的目的(Engelmann,2011)。

与传统的原地和异地保存种质资源方法相比,利用液氮作为冷源的超低温保存成本相对较低,不仅可以节省土地资源,而且不受自然条件和冷冻机械的制约。该方法也克服了低温保存仍需长期继代的弊端,是目前唯一不需要连续继代的中长期保存方式,并使植物材料的遗传变异降低到最低

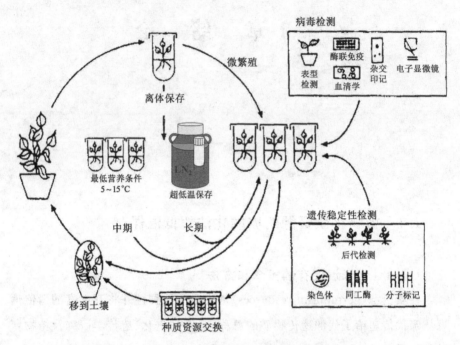

图 1-1　植物种质资源的低温保存及其应用

程度,已成为低温生物学(cryobiology)中一个重要的研究方向。

目前,植物超低温保存主要运用程序降温法(controlled rate cooling)、玻璃化法(vitrification)、包埋脱水法(encapsulation dehydration)和休眠芽直接保存(dormant bud preservation)超低温保存技术(Reed,2001)。

1.1.2　玻璃化法超低温保存的原理、步骤和特点

玻璃化法(vitrification)超低温保存是将材料置于由一定比例渗透性和非渗透性保护剂组成的玻璃化溶液(plant vitrification solution,PVS)中,使细胞逐渐脱水并不断提高胞质黏度,在快速降温过程中细胞及其玻璃化溶液过冷至玻璃化转变温度(glass transition temperature,Tg),从而被固化成玻璃态(非晶态),以减少冰晶形成对细胞质膜产生致命性伤害,并以这种玻璃态在超低温下保存。

玻璃化法超低温保存包括以下步骤:①预培养(preculture);②渗透保护(osmoprotection,装载液处理);③玻璃化溶液脱水(dehydration with PVS);④投入液氮快速冷冻(rapid cooling);⑤保存后快速化冻(rapid

warming)；⑥ 洗涤（dilution，去装载和洗涤玻璃化溶液）；⑦ 恢复培养
（plating for re-growth）（Sakai et al.，2008）（见图 1-2）。

　　玻璃化法超低温保存是 1937 年首次提出的，之后经过长期的探索，于
20 世纪 80 年代发展起来。1968 年 Ralph 首次利用玻璃化法超低温保存亚
麻（*Linum usitatissimum*）悬浮细胞，1989 年 Langis 等和 Uragami 等相继
保存了油菜（*Brassica campestris*）悬浮细胞和芦笋（*Asparagus officinalis*）
体细胞胚，进一步证实了玻璃化冻存植物材料的可行性。

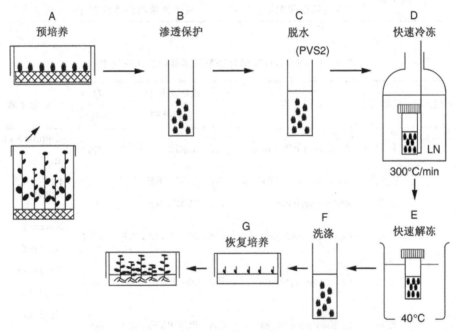

图 1-2　植物玻璃化法超低温保存技术流程（Sakai，2004）

　　与其他超低温保存方法相比，玻璃化法以其设备简单、操作简便快捷、
省时省力、适宜保存种类广泛、保存效果好和重复性强等优点倍受研究人员
推崇，是较为理想的植物种质资源保存方法（Langis et al.，1990），并且在复
杂的组织和器官的超低温保存方面有较好的应用潜力，是近十年来用于优
良种质资源中长期保存的首选方法（见表 1-1）。自 1968 年玻璃化法超低
温保存亚麻悬浮细胞以来，国内外已对 200 多种植物的茎尖分生组织、愈伤
组织、悬浮细胞、花粉、种子、芽和幼苗等进行了超低温保存（见表 1-2）。

表 1-1　常用植物超低温保存技术的优缺点对比一览表（Reed，2001）

常用技术	优点	缺点
程序降温法	无需低温保护剂，可避免低温保护剂的伤害	需要特殊的设备（如程序降温仪），热带植物保存效果较差
玻璃化法	无需特殊设备，操作简单，恢复速度快	PVS 对许多植物有一定的伤害，需要注意 PVS 的处理时间
包埋脱水法	无需特殊设备及低温保护剂，可避免低温保护剂的伤害	需要多次处理每个包埋材料，高浓度的蔗糖对许多植物有一定的伤害

表 1-2　部分植物玻璃化法超低温保存方法一览表

外植体	植物名	拉丁名	超低温保存主要处理	存活率/%	参考文献
茎尖原球茎	芦笋	*Asparagus officinalis*	PVS2，RF	90.0	Kohmura et al.，1992
	香石竹	*Dianthus caryophyllus*	PC，PVS2，RF	50.9	Fukai，1992
	大蒜	*Allium sativum*	PC，PVS2，RF	100	Niwata，1995
	茶树	*Camellia sinensis*	CA，PC，PVS2，RF	60.0	Kuranuki et al.，1995
	芋头	*Colocasia esculenta*	PC，OS，PVS2，RF	80.0	Takagi et al.，1997
	樱桃	*Cerasus pseudocerasus*	CA，PC，PVS2，RF	80.0	Niino et al.，1997
	苹果	*Malus domestica*	PC，PVS3，RF	60.0	吴永杰等，1999
	菠萝	*Ananas comosus*	PC，OS，PVS2，RF	35.7	Thinh et al.，2000
	白杨	*Populus alba*	CA，PC，OS，PVS2，RF	60.0	Lambardi et al.，2000
	杏梅	*Prunus domestica*	PC，OS，PVS2，RF	57.0	De Carlo et al.，2000

（续表）

外植体	植物名	拉丁名	超低温保存主要处理	存活率/%	参考文献
茎尖原球茎	茄子	*Solanum melongena*	PC，EG＋Sor＋BSA，RF	60.0	Golmirzaie et al.，2000
	甜菜	*Beta vulgaris*	PC，OS，PVS2，RF	100	Vandenbusscheet al.，2000
	柿	*Diospyros kaki*	PC，OS，PVS2，RF	89.0	Matsumoto et al.，2001
	葡萄	*Vitis vinifera*	PC，OS，PVS2，RF	80.0	Matsumoto et al.，2003
	番木瓜	*Carica Papaya*	PC，OS，PVS2，RF	53.7	曾继吾等,2004
	菊花	*Chrysanthemum*	PC，PVS2，RF	60.0	Halmagyi et al.,2004
	君迁子	*Diospyros lotus*	PC，OS，PVS2，RF	30.0	艾鹏飞等,2004
	欧洲白蜡	*Fraxinus excelsior*	PC，OS，PVS2，RF	73.0	Schoenweisset al.，2005
	猕猴桃	*Actinidia Lindl*	PC，OS，PVS2，RF	56.7	蔡祖国等,2006
	红花石蒜	*Lycoris radiata*	PC，OS，PVS2，RF	90.0	林田等,2006
	香蕉	*Musa nana*	PC，OS，PVS2，RF	75.9	吴黎明等,2006
	桔梗	*Platycodon grandiflorus*	PC，OS，PVS2，RF	80.0	艾鹏飞等,2006
	月季	*Rosa chinensis*	PC，PVS2，RF	67.7	Halmagyi et al.,2006
	石楠	*Photinia serrulata*	OS，PVS2，RF	93.3	王越等,2006
	扶芳藤	*Euonymus fortunei*	OS，PVS2，RF	74.3	王贞等,2007
	百合	*Lilium brownii*	CA，PC，OS，PVS2，RF	93.0	林田等,2008

（续表）

外植体	植物名	拉丁名	超低温保存主要处理	存活率/%	参考文献
茎尖原球茎	大花蕙兰	*Cymbidium hybridum*	PC，OS，PVS2，RF	37.9	刘佩佩，2008
	大苞鞘石斛	*Dendrobium wardianum*	CA，PC，OS，PVS2，RF	46.6	吴元玲，2011
愈伤组织	唐菖蒲	*Gladiolus hybridus*	PC，Me$_2$SO+Gly，TS	72.0	李全顺等，1989
	芦笋	*Asparagus officinalis*	OS，PVS3，RF	90.0	Nishizawa et al.，1993
	水稻	*Oryza sativa*	PC，OS，PVS2，RF	45.0	Huang et al.，1995
	香雪兰	*Freesia refracta*	Me$_2$SO+Gly，RF	69.5	杨文等，1999
	芒果	*Mangifera indica*	PC，PVS3，RF	94.3	Wu et al.，2003
	欧洲栎	*Quercus robur*	PC，PVS2，RF	70.0	Martinez et al.，2003
	栓皮栎	*Quercus suber*	PC，PVS2，RF	93.0	Valladares et al.，2004
	银杏	*Ginkgo biloba*	PC，Me$_2$SO+Sor，TS	60.0	徐刚标等，2004
	龙眼	*Dimocarpus longan*	OS，PVS2，RF	58.8	郭玉琼，2007
	荔枝	*Litchi chinensis*	CA，PC，OS，PVS2，RF	78.6	郭玉琼，2007
	仙客来	*Cyclamen persicum*	PC，Me$_2$SO+Sor+Suc，RF	90.0	卞福花等，2008
	红松	*Pinus koraiensis*	PC，Me$_2$SO+Sor，TS	71.4	王高等，2009
	红豆杉	*Taxus chinensis*	PC，Me$_2$SO+Sor，SF	52.3	叶芳等，2001
	杏	*Armeniaca vulgaris*	CA，Me$_2$SO+Sor+Glu，RF	74.8	杨宇等，2011

（续表）

外植体	植物名	拉丁名	超低温保存 主要处理	存活 率/%	参考文献
愈伤 组织	川贝母	*Fritillaria cirrhosa*	PC，Me$_2$SO＋ Sor，TS	87.4	王跃华 等，2011
	知母	*Anemarrhena asphodeloides*	PC，OS，PVS2，RF	60.0	Hong et al.，2011
	百子莲	*Agapanthus praecox*	CA，PC，OS， PVS2，RF	56.9	李晓丹，2013
悬浮 细胞	烟草	*Nicotiana tabaccum*	PC，PVS2，RF	55.0	Reinhoud， 1996
	杏	*Armeniaca vulgaris*	PC，Me$_2$SO＋ Sor，TS	52.8	马锋旺 等，1999
	蝴蝶兰	*Phalaenopsis aphrodite*	PC，OS，PVS2，RF	64.0	Tsukazak et al.，2000
	红豆杉	*Taxus chinensis*	Me$_2$SO＋Glu，TS	88.0	臧新等，2002
	胡萝卜	*Daucus carota*	PC，OS，PVS2，RF	83.3	Chen et al.，2003
	仙客来	*Cyclamen persicum*	PC，Me$_2$SO＋ Suc，TS	75.0	Winkelm et al.，2004
	长鞭 红景天	*Rhodiola fastigiata*	PC，OS，PVS2，RF	72.7	郭燕霞，2006
	红掌	*Anthurium andraeanum*	PC，OS，PVS2，RF	32.1	王更亮 等，2010
	西洋参	*Panax quinquefolius*	PC，Me$_2$SO＋ Glu，TS	89.0	李亚璞 等，2011
	厚朴	*Magnolia officinalis*	CA，PC，Me$_2$SO＋ Suc，TS	27.0	陈慧丽，2012

注：低温预培养：cold acclimation，CA；高渗预培养：preculture，PC；渗透保护：osmoprotection，OS；PVS2 脱水处理：PVS2；PVS3 脱水处理：PVS3；快速冷冻：rapid freezing，RF；二步法冷冻：two－step freezing，TS；慢速冷冻：slow freezing，SF；乙二醇：ethylene glycol，EG；山梨醇：sorbitol，Sor；牛血清蛋白：bovine serum albumin，BSA；二甲

基亚砜：dimethyl sulfoxide，Me$_2$SO；丙三醇：glycerol，Gly；蔗糖：sucrose，Suc；葡萄糖：glucose，Glu

1.1.3　玻璃化法超低温保存的关键影响因素

在玻璃化法超低温保存中有多种因素影响最终保存效果，其中3个关键影响因素如下。

(1)保存材料的遗传类型及生理状态：一般来说，寒、温带植物较热带、亚热带植物更易于保存。材料状态方面，体积较小、细胞质浓、无液泡或小液泡、薄壁的细胞保存后才能存活；否则，细胞易受到伤害而影响成活率，尤其是热带、亚热带植物进行玻璃化法超低温保存，更应注意选择处于最佳生理状态的材料。

(2)预处理方法：通过适当的预处理方法(低温、高渗预培养和渗透保护)最大限度地减少细胞内的自由水含量，从而增强细胞的抗冻和耐脱水能力。目前应用最广泛的预培养方法是低温锻炼(cold acclimation)或在预培养基中加入诱导或提高抗寒性的物质，如糖、山梨醇、聚乙二醇、二甲基亚砜等。而渗透保护可以提高细胞渗透压，降低后续玻璃化溶液带来的渗透胁迫伤害(Sakai et al.，2008)。

(3)玻璃化溶液处理：Volk和Walters认为玻璃化溶液有3个重要的功能，置换胞内自由水、改变胞内剩余自由水的结晶过程和防止过分脱水(Volk and Walters，2006)。玻璃化溶液可以提高细胞溶液的黏滞度，降低冰点温度，促进过冷却和玻璃化的形成，防止快速冷冻过程中冰晶造成的致命伤害(Sakai et al.，2008)。玻璃化溶液种类繁多，有单一型和混合型，如何选择一种适合保存材料的玻璃化溶液，以达到最大限度的保护作用非常重要，但同时PVS也会带来复合的逆境胁迫，例如渗透伤害和脱水胁迫(Uchendu et al.，2010)。因此，玻璃化溶液混合的比例、浓度、处理时间以及温度也是必须要考虑的因素。目前常用的PVS种类主要是Sakai团队发明的PVS1(22% w/v 丙三醇＋15% w/v 乙二醇＋15% w/v 聚乙二醇＋7% w/v 二甲基亚砜Me$_2$SO＋0.5 mol/L山梨醇的MS液体培养基)、PVS2(30% w/v 丙三醇＋15% w/v 乙二醇＋15% w/v Me$_2$SO＋0.4 mol/L蔗糖的MS液体培养基)、PVS3(50% w/v 丙三醇＋50% w/v 蔗糖的MS液体培养基)和 PVS4(35% w/v 丙三醇＋20% w/v 乙二醇＋0.6 mol/L 蔗糖的 MS 液体培养基)。

1.2　植物超低温保存过程中经受的逆境胁迫

在玻璃化法超低温保存过程中,植物组织或细胞遭受多种逆境,如高渗预处理、低温条件下 PVS 脱水产生的低温—渗透脱水胁迫和低温保护剂毒害、冰晶形成和膜脂过氧化、解冻时质膜过度伸长或破裂等。不同基因型植物材料对逆境的响应和适应性差异较大,进而决定了材料超低温保存后恢复生长率差异,而目前对植物超低温保存过程中的胁迫应答机制知之甚少,因此,如何通过适宜的预处理及 PVS 脱水提高其对超低温保存过程中的胁迫适应性,最大限度地减少保存过程中的胁迫伤害是保存植物材料存活关键之所在。

1.2.1　植物超低温保存的原初伤害

在超低温保存过程中,Mazur 首次提出低温伤害二因素理论,认为冰晶和脱水是植物细胞低温伤害的主要因素(Mazur et al.,1972)。玻璃化可以防止冰晶伤害,但是玻璃化状态需要高浓度的玻璃化溶液来实现,这会导致离子毒害或渗透胁迫的发生;低温可以一定程度地降低离子毒害,但低温也会减弱渗透作用加剧渗透伤害,进而影响超低温保存的效果(Mazur,2004)。植物材料在超低温保存过程中遭受的胁迫和伤害主要包括如下几方面。

(1)冰晶伤害:在超低温保存中由于降温或升温速度过慢,会导致胞内冰晶形成,伤害生物质膜和细胞器。植物细胞多具有含水的液泡,冻融过程中很容易造成冰晶伤害,这是导致植物材料超低温保存失败的主要因素(Tao et al.,1983)。

(2)脱水胁迫:冷冻前的预培养、渗透保护、脱水和慢速冷冻过程中的冷冻脱水都有可能会造成脱水胁迫,使膜系统遭受严重的破坏,从而引起细胞收缩、变形,细胞内外溶质浓度升高,蛋白质变性而失去原有的生理功能,胞内生化环境恶化。

（3）机械损伤：冷冻前的脱水处理以及解冻后的细胞吸水可能会使细胞体积剧烈变化，发生质壁分离，对细胞产生机械损伤。大块冰晶对细胞的挤压，以及较大材料在冻融过程中受热不均也可能产生机械损伤。植物中细胞壁的存在尤其容易发生机械损伤，这是导致超低温保存失败的另一个重要原因（Tao et al.，1983）。

（4）化学毒害：高浓度的装载液、玻璃化溶液和洗涤液长时间处理和因脱水导致的细胞内溶质浓度升高，可能会引起蛋白变性，对细胞产生化学毒害。

（5）代谢胁迫：植物材料在投入液氮前需要在亚适宜生长条件下进行一系列处理，如预培养、渗透保护和脱水等，这些处理可能会导致材料代谢不平衡，积累有害的代谢产物，造成代谢胁迫。

上述胁迫和伤害在超低温保存过程中常常是互为因果、伴随出现的。在玻璃化法超低温保存过程中，植物材料遭受的以上多种胁迫和伤害多属于超低温保存的原初伤害，由这些胁迫引起的次生伤害主要表现在活性氧簇的大量产生，并导致氧化胁迫的发生，这可能是超低温保存伤害的另一个重要原因。

1.2.2 植物超低温保存过程中次生伤害——氧化胁迫

大气中的 O_2 获得不同数目的电子被激发后发生不完全氧化生成活性氧簇（reactive oxygen species，ROS），包括超氧阴离子自由基（O_2^-）、过氧化氢（H_2O_2）、羟自由基（$OH \cdot$）和单线态氧（$^1O_2$）。在已有的植物超低温保存逆境应答研究中发现，ROS 诱导的氧化胁迫是超低温保存中导致细胞死亡的主要原因。这些氧化胁迫主要导致膜脂过氧化、蛋白变性、核酸的改变、膜损伤及严重的细胞混乱等（Halliwell 和 Whiteman，2004；Halliwell，2006），其中膜脂是 ROS 攻击的首要目标，丙二醛（malondialdehyde，MDA）是常见的氧化应激标志物。油菜茎尖、胡萝卜（*Daucus carota*）和水稻（*Oryza sativa*）悬浮细胞超低温保存中 $^1O_2$ 的积累参与到解冻后的伤害中（Benson 和 Withers，1987；Benson 和 Noronhadutra，1988；Benson et al.，1992），其中在胡萝卜和水稻超低温保存过程中，特别是快速化冻至恢复培养初期 MDA 含量提高表明膜脂过氧化是主要的逆境伤害。印棟

（*Azadirachta indica*）种子超低温保存后恢复生长率也与 MDA 含量成负相关（−0.92）（Varghese 和 Naithani，2008）。Fang 等证实 OH·和膜脂过氧化是引起超低温保存体可可（*Theobroma cacao*）细胞胚活力丧失的主要原因（Fang et al.，2008）。Wen 等超低温保存玉米（*Zea mays*）授粉 35 d 后的胚胎（Wen et al.，2010）和蒲葵（*Livistona chinensis*）开花后 42 周的离体胚（Wen et al.，2012）时发现，脱水和冷冻使谷胱甘肽还原酶（GR）活性下降，促进细胞膜脂过氧化，并引起 MDA 含量增加。吴元玲也证实大苞鞘石斛（*Dendrobium wardianum*）类原球茎超低温过程中 PVS 脱水后 MDA 含量骤然升高，与对照相比增加了 31.5 倍，且与原球茎冻后相对存活率 TTC 值具有极显著负相关性（−0.992）（吴元玲，2011）。

在超低温保存中，高水平的内源抗氧化剂和高效清除 ROS 的方法对植物超低温保存后的恢复至关重要（Storey，2006；Johnston et al.，2007；Margesin et al.，2007；Volk，2010）。抗冻型欧洲醋栗（*Ribes reclinatum*）茎尖在超低温保存过程中产生大量的抗氧化物质、花青素（anthocyanidin）、高的羟基活性和酚醛积累，恢复生长率较高（Johnston et al.，2007）。将橄榄（*Canarium album*）体细胞胚超低温保存前预培养 3 d，内源抗氧化剂尤其是谷胱甘肽还原酶（GR）含量的增加可以提高恢复生长率（Lynch et al.，2011）。

玻璃化法超低温保存相关的胁迫主要来自切割、渗透伤害、脱水和温度的改变，这些都会产生过量的 ROS，并且 ROS 的合成和积累作为高毒性的活性化学物质主导着所有氧化应激反应，在超低温保存过程中形成氧化伤害，最终降低恢复生长率。

1.2.3 植物超低温保存过程中的氧化胁迫应答机制

玻璃化法超低温保存生物材料的同时，多步处理也会对细胞本身造成一些胁迫伤害，这些伤害主要来自渗透胁迫、脱水胁迫、低温胁迫和氧化胁迫，以及在冻结和复温过程中因相变、渗透压、热应力、机械作用等因素引起的冰晶形成等细胞损伤。如何改善植物超低温保存体系，降低细胞的胁迫伤害和控制冰晶形成，是提高玻璃化法超低温保存冻后细胞活性的关键。

目前，植物超低温保存研究主要集中在超低温保存体系建立、体系优化、遗传稳定性检测及生物大分子含量分析等方面,对植物超低温保存过程中的胁迫应答机制的研究甚少。研究发现拟南芥(*Arabidopsis thaliana*)幼苗超低温保存过程中 ROS 诱导的氧化胁迫是导致细胞死亡的主要原因(Ren et al.,2013)。ROS 通常在叶绿体、线粒体及过氧化酶体等细胞器中产生,并且可以通过电子传递相互转换(Mittler et al.,2004)。植物体内存在抗氧化系统以清除胞内过量的 ROS,包括酶促抗氧化物超氧化物歧化酶(SOD)、过氧化氢酶(CAT)、抗坏血酸过氧化物酶(APX)和谷胱甘肽还原酶(GR)等,以及非酶促抗氧化物抗坏血酸(AsA)和还原型谷胱甘肽(GSH)等。在超低温保存过程中,过量 ROS 诱导的氧化胁迫导致细胞膜脂过氧化并破坏植物光合磷酸化与氧化磷酸化系统最终引起细胞死亡,而抗氧化系统在此过程中可以清除过量 ROS,有利于提高恢复生长率(Ren et al.,2013)。进一步对百子莲 EC 超低温保存的 ROS 与抗氧化系统进行研究验证,发现 H_2O_2 作为主要 ROS 组分诱导的膜脂过氧化与细胞凋亡直接影响冻后细胞活性(Zhang et al.,2015),膜脂过氧化产物 MDA 含量与细胞活性 TTC 值呈现极显著负相关关系,且 CAT 与 AsA-GSH 循环是清除胞内 H_2O_2 的主要途径。

1.3 外源添加物质对超低温保存植物细胞抗逆性的调控

1.3.1 抗氧化剂、抗应激剂

添加一些外源抗氧化剂和抗应激剂能够预防或者修复胁迫造成的伤害,提高恢复生长率。去铁胺(deferoxamine)是一种铁离子螯合剂,可以阻止有害的芬顿反应(fenton reaction)和自由基化学反应,水稻悬浮细胞在含有 10 mg/L 去铁胺的培养基中预培养,冻后鲜重增量百分比较未添加体系增加了 30%(Erica et al.,1995)。添加 GSH 到超低温保存过程(尤其是预培养)中可以提高柑橘(*Citrus reticulata*)茎尖恢复生长率至 85%(Wang 和 Deng,2004)。在超低温保存预培养、装载液及洗涤液中添加抗氧化剂或抗应激剂硫辛酸(lipoic acid,LA)、谷胱甘肽、维生素 C、维生素 E 和甜菜碱(glycine betaine,GB)、聚乙烯吡咯烷酮(polyvinylpyrrolidone,PVP),可降

低氧化伤害,使黑莓(*Rubus Fruticosus*)茎尖超低温保存恢复生长率提高至80%,比不添加(CK)提高 40%～50%(Uchendu et al.,2010a,b)。褪黑素(melatonin)是环境和化学物质胁迫的调节剂,大花红景天(*Rhodiola crenulata*)愈伤组织经 0.1 μmol/L 褪黑素预处理 5 d 后,超低温保存过程中MDA 含量显著降低,过氧化氢酶(CAT)和过氧化物酶(POD)活性提高,从而将超低温保存恢复生长率提高到了 72.2%(Zhao et al.,2011)。

1.3.2　信号转导抑制剂、激动剂

在咖啡(*Coffea canephora*)体细胞胚超低温保存体系的优化中发现,低温保护剂中添加 ABA 有助于提高超低温保存成活率(Tessereau et al.,1994)。胡明珏探讨了在预培养中添加类黄酮类物质以及氨茶碱等离子通道阻遏剂和促进剂,研究拟南芥 ABA 突变体悬浮细胞中 ABA 信号转导途径与低温胁迫、脱水胁迫信号转导途径间的相互作用,发现单独添加槲皮素、木黄酮和氨茶碱对细胞 ABA 信号转导均具有抑制作用,而木黄酮和氨茶碱的协同作用提高了信号转导效率(胡明珏,2003)。Ludovic 等将巴西橡胶(*Hevea brasiliensis*)胚性愈伤组织预培养在添加 1 mmol/L CaCl₂ 高渗培养基中,超低温保存后细胞存活率高于 3 mmol/L 和 9 mmol/L CaCl₂,表明较低浓度外源 Ca²⁺可降低愈伤组织内 Ca²⁺和自由水含量,提高细胞水势、渗透势和细胞核质比;低温胁迫提高了细胞内谷胱甘肽含量,从而抑制膜脂过氧化,保持细胞膜完整性,提高细胞抗冻性(Ludovic et al.,2007)。

1.3.3　物质及能量代谢相关物质

以白桦(*Betula pendula*)不同基因型及不同树龄茎尖为材料,分别在玻璃化溶液及洗涤液中添加 10 mmol/L KNO₃ 后,由于在低温过程中细胞代谢活性降低,NH₄⁺-N 同化关键酶开始行使功能,进而提高了茎尖冻后成活率(Ryynanen et al.,1999;Ryynanen 和 Haggman,2001)。同样,Decruse等通过改变预培养基中 NH₄⁺ 和 NO₃⁻ 含量有助于减少还原性物质,提高抗氧化势,当预培养基中利用 18.8 mmol/L NO₃⁻ 作为唯一氮源(无 NH₄⁺)时,铰剪藤(*Holostemma annulare*)茎尖超低温保存再生率最高可达 55%,较对照组提高了 44.1%(Decruse et al.,2004)。

1.3.4　冰晶抑制剂

控制超低温保存过程中冰晶的形成是非常重要的,在玻璃化溶液中添

加聚乙烯醇(polyvinyl alcohol,PVA)可防止冰核形成和冰晶增大(Wang et al.,2009)。Daisuke 等以大果越橘(*Vaccinium macrocarpon*)为材料,在玻璃化溶液中添加过冷促进剂山奈酚 7 氧葡萄糖苷(KF7G),能够有效防止降温和解冻过程中的冰晶成核(Daisuke et al.,2008)。将 0.1 mg/mL 胡萝卜抗冻蛋白(*Daucus carota* Antifreeze protein,DcAFP)添加到含有 3%丙三醇的低温保护剂中,水稻单细胞超低温保存成活率从 39%提高到 55%。分子动力学模型发现 DcAFP 能够吸附在细胞膜周围,防止冰晶损伤膜系统(Zhang et al.,2009)。

在已有的植物超低温保存体系建立和优化研究中,多采用外源添加物质辅助基础低温保护剂来提高植物材料冻后存活率,通过相关生理生化指标分析来研究影响冻后存活率的机制,而超低温保存各关键步骤差异表达基因分离、鉴定和逆境信号转导通路的研究鲜有报道。

1.4　百子莲属植物种质资源研究概况

1.4.1　百子莲属植物概况

百子莲(*Agapanthus praecox* ssp. *orientalis*)又称"蓝百合",为百子莲科(Agapanthaceae)百子莲属(*Agapanthus*)多年生根茎类花卉,原产于非洲南部的热带与亚热带地区,花期为 6—8 月。

百子莲科只有一个百子莲属,其中常绿种有百子莲(*A. africanus*)和旱花百子莲(*A. praecox*);落叶种 4 个,分别是铃花百子莲(*A. campanulatus*)、具茎百子莲(*A. caulescens*)、蔻第百子莲(*A. coddii*)和德拉肯斯堡百子莲(*A. inapertus*)。百子莲株型秀丽,花茎挺立,花朵姿态优美,花色淡雅,不但是非常理想的地被和花境植物材料,也是很好的鲜切花材料。近半个世纪以来,百子莲已成为西方发达国家的高档主流花卉,从道路绿化、庭院栽培到切花生产,都体现出了百子莲属植物较高的观赏价值(见图 1 - 3)。

图 1 - 3　百子莲在园林中的应用方式

1.4.2　百子莲种质资源离体繁殖研究进展

目前,国外对百子莲的研究多集中在分类学、生物化学、药效成分分析及分子育种等方面,而我国对百子莲的研究起步较晚,于 2002 年引进一个常绿亚种,在上海、广西、广州、哈尔滨等地已有栽培,但受积温影响多数不结果或种子不能萌芽(张荻,2011)。因此,生产上多采用分株方法进行种苗繁殖,但是繁殖速度慢,生长态势不一致。而通过组织培养和体细胞胚胎发生的方法则可大大加快百子莲的繁殖速度,从而缩短繁育的周期。

Suzuki 等(2002)以百子莲幼叶为外植体,在含有 1.0 mg/L 毒莠定(picloram,PIC)的 MS 诱导培养基上,愈伤组织的诱导率为 32.6%,培养两个月后 24.8% 的愈伤组织转化为胚性愈伤组织(embryogenic callus,EC),在成熟胚诱导培养基上 EC 转化为体胚,并且获得再生体胚苗。刘芳伊等(2011)用去根的百子莲无菌苗为外植体,在含有 6－BA 和 NAA 的 MS 培养基上,不定芽分化率达到了 92%;在 0.5 mg/L IAA 的 1/2MS 的培养基上,生根率达到了 80%。胡仲义和何月秋(2011)以花蕾作为外植体,在添加 4.0 mg/L 6－BA 和 0.1 mg/L NAA 的 MS 培养基上成功诱导出不定芽,在添加 2.0 mg/L 6－BA 和 0.2 mg/L NAA＋GA3 的 MS 培养基上增殖数可达 5.07 倍,同时在添加 0.1 mg/L NAA＋0.1 g/L 活性炭的 1/2MS 培养基上生根率达到 100%。范现丽(2009)以百子莲根茎顶端作为外植体,在含有 0.5 mg/L PIC 的 MS 培养基上成功诱导出愈伤组织,诱导率为 53.33%,体细胞再生植株移栽成活率高达 96%,建立了百子莲体胚快速繁殖体系。

百子莲愈伤组织呈现半透明状,细胞排布较为紧密;在 1.5 mg/L PIC 诱导下形成状态均一、疏松的颗粒状 EC。通过切片观察细胞形态,愈伤组织细胞较大,细胞直径 200～300 μm,细胞核较小,胞内富含多糖类物质;EC 细胞致密、细胞直径在 15～30 μm 之间,较愈伤组织小 15～20 倍,细胞核染色很深、细胞排列紧密并具备一定的极性结构(见图 1－4)。

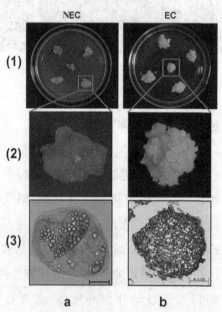

图 1－4 百子莲愈伤组织和胚性愈伤组织细胞形态结构观察(张洁,2015)

a百子莲愈伤组织;b百子莲胚性愈伤组织;(1)(2)解剖镜观察;(3)切片番红染色显微观察

胚性愈伤组织是植物快速繁殖、分子育种与种质保存的重要材料。然而 EC 在含有高浓度的 2,4－D、6－BA 和 PIC 的增殖培养基上长期继代会导致染色体变异和基因突变,引起细胞胚性的退化与丧失,增加遗传的不稳定性,这也是植物体胚发生中一个普遍存在的问题。因此,建立一套稳定、高效的百子莲胚性愈伤组织超低温保存体系是保存百子莲种质资源的最佳方法。

1.4.3 百子莲胚性愈伤组织超低温保存体系的研究

李晓丹(2013)和陈冠群等(2014)应用玻璃化法初步建立了百子莲胚性愈伤组织超低温保存体系(见表 1 - 3),冻后细胞活性 TTC 值为 53.4%,经过 AFLP 多态性检测后发现冻后的百子莲 EC 基因组没有发生遗传变异。对百子莲 EC 超低温保存过程中含水量、丙二醛等生理指标进行相关性分析,发现相对存活率与相对电导率呈极显著负相关,与丙二醛含量呈显著负相关,说明膜脂过氧化是影响冻后相对成活率的最大因素,氧化胁迫是超低温保存过程中最主要的逆境胁迫。

表 1 - 3 百子莲 EC 玻璃化法超低温保存体系

步骤	处理方法
预培养	选取在继代培养基上增殖 20 d 并且生长状态良好的百子莲 EC,接种到含 0.5 mol/L 蔗糖的 MS 固体培养基上,在 4℃ 条件下暗培养 2 d
渗透保护	将预培养后的百子莲 EC 放入 2 mL 冷冻管中,加入装载液(MS $+$ 0.4 mol/L 蔗糖 $+$ 2 mol/L 丙三醇 $+$ 10 mmol/L KNO$_3$),室温处理 60 min
脱水	将冷冻管中的装载液置换成玻璃化溶液 PVS2(MS $+$ 0.4 mol/L 蔗糖 $+$ 30% 丙三醇 $+$ 15 % 乙二醇 $+$ 15% Me$_2$SO),0℃ 处理 40 min
快速冷冻与解冻	将冷冻管迅速投入液氮中保存,于 40℃ 水浴中快速解冻 90 s
洗涤	用洗涤液(MS $+$ 1.2 mol/L 蔗糖 $+$ 10 mmol/L KNO$_3$)替换 PVS2,室温处理 30 min,每 10 min 更换一次新鲜的洗涤液
恢复培养	将洗涤后的百子莲 EC 接种在恢复培养基(同继代培养基)上,黑暗恢复培养

1.4.4 碳纳米管明显提高百子莲胚性愈伤组织超低温保存后的细胞活性

百子莲 EC 超低温保存体系初步建立后,如何提高冻后相对存活率是实际生产应用和科学研究中重要的问题。利用外源添加物质来提高冻后存活率是非常好的选择,通过在百子莲 EC 超低温保存体系 PVS2 中单因素添加多种外源物质发现,0.1 g/L 单壁碳纳米管对百子莲 EC 超低温保存冻后细胞活性具有最佳的改善效果(陈冠群,2014;王路尧,2014)(见图 1-5)。

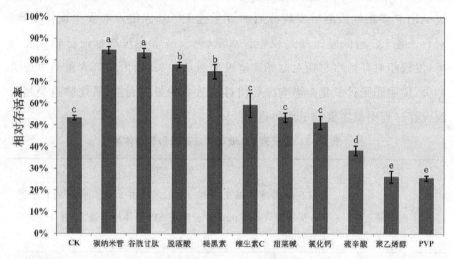

图 1-5　不同外源物质对百子莲 EC 超低温保存冻后存活率的影响

注:外源物质添加浓度分别为:0.1 g/L 单壁碳纳米管、0.08 mM 谷胱甘肽、1 μM 脱落酸、0.1 μM 褪黑素、1 mM 维生素 C(VC)、10 mM 甜菜碱、1 mM 氯化钙、6 mM 硫辛酸、6 mM 聚乙烯醇、3% PVP。不同的字母表示添加不同外源物质超低温保存体系恢复生长率之间在 0.05 水平上有显著差异。

碳纳米管作为外源物质首次应用于植物超低温保存研究中,优化效果显著,但其作用机制目前尚不清楚。因此,系统地研究碳纳米管对超低温保存体系的优化机制对超低温保存领域的拓展有着深远的意义。

1.5　纳米材料在低温生物学中的应用

纳米低温保护剂是纳米材料在低温生物学领域应用的主要方式,将不同属性的纳米材料适量加入低温保护剂中,通过改善低温保护剂的结晶性和导热性等理化性质,减少或抑制生物材料在低温保存过程中冰晶的形成,提高细胞和组织的低温存活率,是目前低温生物领域新的研究热点(李维杰等,2013a)。

Han 等(2008)将 0.2% 钻石纳米材料加入乙二醇低温保护剂中,使保护剂的冷冻速率提高了一倍,并显著降低了玻璃化与反玻璃化温度(Han et al.,2008)。Hao 和 Liu(2011)发现含有纳米微粒羟基磷灰石(HA)低温保护剂的比热容、玻璃化和反玻璃化温度均随纳米微粒浓度的增大而降低,溶液的导温系数有所升高。添加 HA 的丙三醇低温保护剂的比热容也显著下降,使降温速率明显提高,同时减小了结晶量(徐海峰等,2011;刘连军等,2012)。另外,吕福扣等(2012)研究表明含有 0.8% HA 的 PEG－600 低温保护剂的复温冰晶生长区间大幅缩小,冰晶明显减小且分散,对生物材料产生的机械损伤较小。目前,对纳米低温保护剂的研究除了在热物性分析方面之外,应用于生物材料保存方面的研究也开始启动。添加 0.05% HA 的低温保护剂可以提高猪(*Sus domesticus*)卵母细胞的超低温保存效果,发育率由对照组的 14.7% 升至 30.4%(李维杰等,2013b),升温过程中再结晶不明显,对细胞的损伤显著降低(李维杰等,2014)。

应用纳米微粒提高生物材料的超低温保存质量,首先要考虑纳米微粒与生物组织间的相互作用。有些纳米材料对细胞有毒害作用,可导致生物组织损伤(郝保同和刘宝林,2008)。因此,在纳米低温保存研究中,应选择生物兼容性好、保护作用强、毒害作用小的纳米材料(狄德瑞等,2011)。目前,纳米材料在低温生物学领域的研究才刚刚开展,多集中在工程热力学研究领域,其对保存材料生物过程的影响尚需进一步探究,而纳米材料在植物种质资源超低温保存中的应用尚未见报道。

1.6　碳纳米管在植物研究中的应用

碳元素是自然界中存在的与人类关系最密切、最重要的元素之一,以碳元素为唯一构成元素的碳纳米材料具有较好的安全性和生物相容性。碳纳米管(carbon nanotubes，CNTs)作为重要的碳纳米材料，是由石墨烯片卷曲形成的仅有碳原子组成的管状结构，从构成结构上可以分为单壁碳纳米管(single-wall carbon nanotubes，SWCNTs)和多壁碳纳米管(multi-wall carbon nanotubes，MWCNTs)。MWCNTs是由多层碳原子组成的管状结构，直径从几十纳米到上百纳米，其长度可达数百微米；而SWCNTs是由单层碳原子组成的管状结构，直径1～2 nm，长度通常0.1 μm，其纳米粒子结构的均一性高于MWCNTs。近年来，碳纳米管在高新科技及生物医药领域有着广泛的应用，CNTs作为载体可以将RNA、药物和蛋白质输送到细胞内部及细胞器中。目前，碳纳米管在植物中的应用也有了新的研究报道，发现碳纳米管在调控植物生长发育与抗性胁迫响应方面具有显著的作用。

1.6.1　植物对碳纳米管的吸收和体内分布

碳纳米材料的大小对于其进入植物细胞组织起到决定性作用，较大的纳米微粒通常富集于细胞壁，而较小的碳纳米管可以通过水通道蛋白、离子通道或者内吞作用进入植物细胞(Aslani et al.，2014)。利用碳纳米管的拉曼散射特性，经MWCNTs处理的番茄(*Lycopersicon esculentum*)种子和植株中均检测到MWCNTs的拉曼G峰信号(1 569 cm^{-1})，同时发现MWCNTs可以通过根部被植株吸收，并运输分布到叶片、花和果实中(Khodakovskaya et al.，2009，2011，2013)。进入细胞后，长的碳纳米管(200 nm)主要集中在亚细胞器(内质网和线粒体)中，而短的碳纳米管(30～100 nm)仅分布在液泡、细胞核和质体中(Serag et al.，2011，2013)。

1.6.2　碳纳米管对水分运输的影响

碳纳米管对植物水分运输有着重要的调控作用，它可以促进种子和植株的水分吸收，一方面可能是由于碳纳米管在功能上起到了水通道的作用，帮助水分渗透进入植物体内，另一方面可能是碳纳米管调节了已有的水通道蛋白，改变了水分运输状况(Khodakovskaya et al.，2009)。在仿生学研究领域，碳纳米管常被用作生物膜蛋白水通道模型，其管状结构与跨膜的水通道蛋白运输通道有相似之处，水分子可以自发地、连续地被吸进非极性的碳纳米管之中，并形成水分子链状结构(Hummer et al.，2001；Wan et al.，2005)。碳纳米管作为新型水通道促进水分交换的同时，也调控了水分运输相关基因的表达。MWCNTs 应用于大麦(*Hordeum vulgare*)、大豆(*Glycine max*)和玉米萌发试验中,发现其激活了水通道蛋白 *PIP*1(plasma membrane intrinsic proteins)的表达(Lahiani et al.,2013);MWCNTs 促进烟草(*Nicotiana tabacum*)愈伤组织生长,并引起 *NtPIP*1 基因上调表达(Khodakovskaya et al.,2012)。除了基因表达研究,Villagarcia 等(2012)利用 Western blot 技术在蛋白层面证明了 MWCNTs 可以使番茄植株水通道蛋白 LeAqp1 上调表达。

1.6.3 碳纳米管对基因表达的调控

碳纳米管对基因表达与蛋白翻译也具有调控作用,但目前其调控机制尚不明确。在烟草愈伤组织中,MWCNTs 促进细胞增殖,并且使细胞分裂(*CycB*)和细胞壁伸长(*NtLRX*1)相关基因上调表达,使细胞增殖能力提升64%(Khodakovskaya et al.,2012)。在番茄植株中,MWCNTs 调控基因主要包含在细胞响应(cellular responses)、胁迫响应(stress responses)、运输(transport)、信号转导(signal transduction)、代谢和生物合成过程(metabolic and biosynthetic processes)中(Khodakovskaya et al.,2011)。纳米材料在植物组织中的渗透近似于病原体或草食动物攻击,因此,一些重要的胁迫信号通路对碳纳米管的吸收有着积极的响应。Mitogen — activated protein kinase(MAPK)在 MWCNTs 处理番茄过程中显著上调表达,说明 MAPK 级联作为重要的胁迫信号转导过程在碳纳米管促进植物生长发育及胁迫响应中起到重要作用(Khodakovskaya et al.,2011)。

1.6.4 碳纳米管对电子传递效率的影响

Giraldo 等在 2014 年最新发现,碳纳米管对植物生长的促进作用可能是由于碳纳米管和叶绿体之间的电子转移提高了光合活性(Giraldo et al.,2014)。SWCNTs 被动运输并定位于拟南芥叶绿体质膜中,使光合效率提升了 3 倍多,提高了最大电子传递速率,同时发现叶绿体中 ROS 含量被显著抑制,这一研究表明植物细胞器与纳米材料间的相互作用可以提高细胞器功能(Giraldo et al.,2014)。

综上所述,碳纳米管可调控植物中多种生物过程,如水分运输、细胞分裂、胁迫响应、电子传递、ROS 产生与代谢等。然而,碳纳米管对植物的调控作用及其生理机制需要更广泛的研究去揭示与验证,因此,对于碳纳米管对植物的复杂影响应从多层面来系统分析,在结构学、生理学、转录及蛋白层面综合分析揭示碳纳米管在植物研究应用中的作用机制。尤其将碳纳米管应用于低温生物学领域,不仅能通过改变低温保护剂热物性来避免冰晶伤害,还可以通过对保存材料生理过程的调控来提高细胞或组织的低温存活率,在超低温保存领域有着重要的理论意义及广阔的应用前景。

1.7　ROS 与细胞程序性死亡

细胞程序性死亡(programmed cell death,PCD)指细胞生长发育过程中,由自身基因编码的、主动的、有序的细胞死亡进程,是环境及生物体自身新陈代谢过程中正常的生理反应,也是植物生长发育与防御机制中的重要元件。

根据细胞形态变化的差别将 PCD 分为 3 种类型:细胞自噬(autophagy)、细胞凋亡(apoptosis)与细胞坏死(necrosis)。不同类型的 PCD 具有不同的调控因子及死亡模式。

(1)细胞自噬是细胞通过溶酶体机制缓慢降解细胞器的过程,它的典型特征是在细胞内形成自噬囊泡,并且线粒体与内质网在形态上发生膨大,高尔基体有轻微的增大(Burbridge et al.,2006)。

(2)细胞凋亡的特征是产生速度较快、细胞明显皱缩、质膜完整、细胞核凝聚并发生 DNA 片段化降解、最终产生凋亡小体(apoptotic bodies)。凋亡在细胞更新、分化和免疫系统中发挥着重要作用,而在有毒物质,免疫反应或疾病引起细胞损伤时,凋亡则作为一种正当的防卫机制发挥作用(周军和朱海珍,1999)。

(3)细胞坏死是一种无序的细胞死亡过程,其间不激活细胞网络通路。细胞坏死的主要特征是细胞逐渐膨胀导致细胞失去渗透调节能力,水与离子大量涌入细胞最终导致细胞破裂(孙英丽和赵允,1999)。

目前普遍认为,在植物的 PCD 过程中 ROS 可能起到三方面的作用:一是低浓度时作为信号分子传递环境胁迫信号,细胞可以修复伤害;二是中等浓度时能诱导细胞发生有序调控的细胞凋亡,被动响应胁迫信号的自我防御机制;三是高浓度时细胞发生不可控的混乱性坏死(Lennon et al.,1991)。在胁迫条件下,植物细胞内会产生并积累 ROS,现已证实 ROS 是触发 PCD 发生的开关,并参与其信号转导过程。胁迫诱导的 ROS 与钙信号能够刺激线粒体膜透性发生变化并向胞质中释放细胞色素 C(cytochrome c),被释放的 cytc 驱动凋亡酶体形成从而激活胱冬酶活性。同时,线粒体受损引起膜电位(transmembrane potential)丧失能够激发产生更多的 ROS,在 PCD 过程中形成一个信号放大的反馈机制,因此线粒体在细胞程序性死亡发生的过程中起到关键作用。

1.8　植物水通道蛋白研究概述

植物的各种生理过程离不开水分的运输,水通道蛋白(aquaporin,AQP)属于 MIP(major intrinsic protein)家族成员,是植物体内与水分利用直接相关的一类蛋白,在水分运输中起重要作用(Martre et al.,2002;Siefritz et al.,2002;Tyerman et al.,2002)。1993 年在植物拟南芥中第一次分离了水通道蛋白 TIP,该蛋白具有输送水分功能(Maurel et al.,1993)。随后在各种植物中陆续分离到水通道蛋白,在拟南芥中发现 35 个基因编码 AQP(Johanson et al.,2001;Quigley et al.,2002),在玉米中 36 个(Chaumont et al.,2001),水稻中 33 个(Sakurai et al.,2005)。在高等植物中,水通道蛋白根据氨基酸序列同源性以及亚细胞定位大致分为 4 种类型:质膜内在蛋白 PIP(plasma intrinsic proteins)、液泡膜内在蛋白 TIP(tonoplast intrinsic proteins)、类结瘤蛋白 NIP(NOD26-like intrinsic proteins)及小碱性膜内蛋白 SIP(small and basic intrinsic proteins);PIPs 分为两种亚类,PIP1 和 PIP2(Kaldenhoff et al.,2006;Maurel,2007)。植物水通道蛋白不仅参与水分运输,还参与 CO_2(Flexas et al.,2006;Uehlein et al.,2008)、亚砷酸盐(Isayenkov et al.,2008;Kamiya et al.,2009;Zhao et al.,2010)、尿素(Soto et al.,2008)、过氧化氢(Bienert et al.,2007)、乳酸(Choi et al.,2007)以及其他小分子物质运输。植物水通道蛋白还通过水

势或其他方式参与叶片生长、细胞分裂以及花瓣开放等(Ma et al.，2008)。在拟南芥中，质膜内在蛋白 PIPs 受干旱胁迫强烈诱导，在根中、地上部中 PIP1；3、PIP1；4、PIP2；1 和 PIP2；5 表达量可上升 5 倍以上；然而，其家族成员 PIP1；5、PIP2；2 在地上部表达量和 PIP2；3 在根中表达量下降到十分之一(Jang et al.，2004)。

1.9　主要研究内容及研究框架

1.9.1　主要研究内容

1.9.1.1　百子莲 EC 超低温保存过程中碳纳米管低温保护剂的热物性分析

利用差示扫描量热仪和低温显微镜系统观测 CNT-PVS2(Treated)与 PVS2(CK)在快速冷冻与解冻过程中的结晶温度区间、结晶形状、冰晶生长速率、玻璃化与反玻璃化转变温度等热力学指标。揭示单壁碳纳米管对 PVS2 理化性质的影响范围，阐明单壁碳纳米管是否改善低温保护剂的热物理性质而间接提高了百子莲 EC 超低温保存的细胞活性。

1.9.1.2　超低温保存过程中碳纳米管在百子莲 EC 细胞中的定位分析

在 CNT-PVS2 超低温保存体系的 CNT-PVS2 脱水、快速解冻及洗涤中，采用拉曼光谱仪对单壁碳纳米管是否进入百子莲 EC 胞内进行定性分析；应用透射电镜观察单壁碳纳米管在百子莲 EC 胞内外的亚细胞定位情况。明确超低温保存过程中单壁碳纳米管在细胞内外的分布规律，为后续的生理学检测与分子层面响应机制分析在结构学层面提供可靠依据。

1.9.1.3　碳纳米管对超低温保存过程中百子莲 EC 抗氧化系统的影响

对比百子莲 EC 在 CNT-PVS2 超低温保存体系与常规体系中相对电导率和丙二醛含量的动态变化规律，测定 ROS 重要组分 H_2O_2 含量、抗氧化酶(CAT、SOD 和 POD)活性和非酶促抗氧化剂(AsA 和 GSH)含量的变化，结合 ROS 信号转导通路及清除网络相关基因的定量分析，揭示超低温保存过程中单壁碳纳米管对百子莲 EC 抗氧化系统的调控作用。

1.9.1.4 碳纳米管对超低温保存体系中百子莲 EC 线粒体电子传递链的调控作用

对比百子莲 EC 在 CNT-PVS2 超低温保存体系与常规体系中 ROS 主要来源细胞器——线粒体的电子传递链复合物 I～V 的活性,结合线粒体电子传递链相关基因的定量分析,揭示超低温保存过程中单壁碳纳米管对百子莲 EC 线粒体电子传递的调控作用。

1.9.1.5 碳纳米管对超低温保存体系中百子莲 EC 细胞程序性死亡的调控作用

ROS 是细胞程序性死亡的开关,对比百子莲 EC 在 CNT-PVS2 超低温保存体系与常规体系中细胞程序性死亡标志物的信号差异,研究单壁碳纳米管在百子莲 EC 超低温保存过程中对细胞程序性死亡可能起到的调控作用。

1.9.1.6 碳纳米管对超低温保存体系中百子莲 EC 水通道蛋白的调控作用

基于单壁碳纳米管具有仿生水通道的特性,对百子莲已知水通道蛋白的基因表达水平进行定量分析,研究单壁碳纳米管在百子莲 EC 超低温保存过程中对于水分运输相关基因可能起到的调控作用。

1.9.2 研究框架

本书研究框架如图 1-6 所示。

1.10 研究目的及意义

实现优良植物种质资源的中长期保存直接关系到农业的发展和人类的生存,提高植物超低温保存冻后细胞活性并揭示其作用机制是种质资源超低温保存的理论基石。本研究通过在百子莲 EC 超低温保存低温保护剂中单因素添加单壁碳纳米管,提高百子莲 EC 冻后细胞活性,运用结构学、热力学、生理学和基因差异表达分析等多学科交叉手段揭示单壁碳纳米管改善百子莲 EC 超低温保存冻后细胞活性的作用机制,进一步丰富超低温保存的

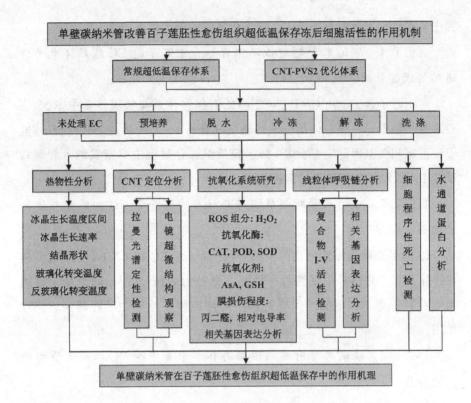

图 1-6　本书研究框架

热力学及分子生物学理论,并为超低温保存低温保护剂的改良与应用奠定基础,为植物种质资源超低温保存体系的建立及优化提供理论依据,将为传统的超低温保存领域提供全新的探索空间。

第2章 碳纳米管低温保护剂的 热物性分析

2.1 材料与方法

2.1.1 试验材料

单壁碳纳米管水溶液（5.0 g/L，直径 1 nm，长 1 μm）由上海交通大学微纳米科学研究院张亚非教授研究团队提供。用单壁碳纳米管水溶液配制含 0.1 g/L 单壁碳纳米管的 PVS2（30% w/v 丙三醇＋15% w/v 乙二醇＋15% w/v 二甲基亚砜 Me_2SO＋0.4 mol/L 蔗糖＋MS 液体培养基），配制后将溶液进行半小时超声振荡，标记为 CNT-PVS2，以未添加 CNT 的 PVS2 为对照。

2.1.2 主要设备与仪器

差示扫描量热仪（DSC-Pyris Diamond，美国 Perkin-Elmer 公司），低温显微镜系统由 BCS196 生物冷冻台、T95 程序温度控制器、Linksys 32 温度控制软件、自动冷却系统（Linkham Scientific Instruments Limited，UK）以及 BX51TRF 型显微镜（Olympus，Japan）组成。

2.1.3 实验药品及试剂

乙二醇，丙三醇，Me_2SO，蔗糖均为国产分析纯试剂。MS 粉购于 SIGMA 公司。

2.1.4 试验方法

2.1.4.1 热物性分析

利用差示扫描量热仪测定 CNT-PVS2（Treated）与常规 PVS2（CK）的热力学指标包括 DSC 曲线和玻璃化转变温度。将 1 μL 样品精确称量，并加

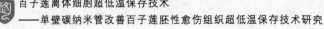

载于 DSC 铝皿中，装入样品池，以 80 ℃/min 速率降温至－150℃，保持 5 min，然后以 10 ℃/min 的速率升温，待热流稳定采集数据。

2.1.4.2　结晶状态观察

低温显微镜系统通过控制样品台的加热和液氮流量调节升降温速度，可以在－196～125℃范围内，以 0.01～150 ℃/min 的速率实现样品的冷冻及复温。采用该低温显微镜系统观察 CNT-PVS2 与常规 PVS2 在快速冷冻和解冻过程中的冰晶生长温度区间、冰晶生长速率及结晶形状。将 1 μL 样品精确称量，并加载于石英坩埚上，将盖玻片压在液滴上，使得液滴被压成一个平面，其厚度可以忽略。以 10 ℃/min 速率降温至－150℃，保持 5 min，然后以 10℃/min 的速率升温至 20℃，在降温及升温过程中持续观察。

2.2　结果与分析

2.2.1　PVS2 与 CNT-PVS2 热物性分析

利用 DSC 可以分析 PVS2 和 CNT-PVS2 的热力学指标，结果表明，CNT 使低温保护剂的玻璃化转变温度（Tg）小幅升高，Tg 由 PVS2 的－112.1℃变为 CNT-PVS2 的－110.7℃（见图 2-1）。PVS2 是植物玻璃化法超低温保存中应用最为广泛的低温保护剂，之前的研究报道 PVS2 的玻璃化转变温度在－115～112℃（Sakai et al.，1990；Block，2003；Volk 和 Walters，2006；Teixeira et al.，2014），但 CNT-PVS2 的玻璃化转变温度超出了这个范围。低温保护剂的玻璃化转变温度会随着保护剂中自由水含量的升高而降低（Xu et al.，2011），碳纳米材料可能与自由水存在相互作用，因此降低了自由水含量而提高了玻璃化转变温度。吸热曲线可以看出，CNT-PVS2 在－14.4℃出现熔融峰，但 PVS2 中并没有出现熔融峰。Sakai 等（1990）认为玻璃化溶液会存在一个去玻璃化现象，并在慢速升温过程中会出现重结晶并伴随着熔融峰的出现。

2.2.2　PVS2 与 CNT-PVS2 结晶状态分析

低温显微镜系统通过控制样品台的加热和液氮流量调节升降温速度，

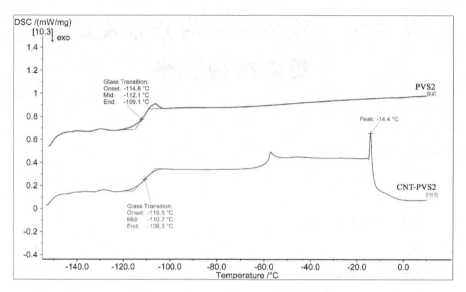

图 2-1　PVS2 与 CNT-PVS2 的 DSC 曲线

可以在−196～125℃范围内,以 0.01～150 ℃/min 的速率实现样品的冷冻及复温。PVS2 与 CNT-PVS2 在 10 ℃/min 的降温、−150℃保持 5 min 和升温过程中均未见冰晶形成,这与前人对 PVS2 结晶状态的研究结果一致,说明两种低温保护剂对冰晶成核和生长的抑制作用较好,达到了玻璃化法超低温保存在快速降温过程中细胞及其玻璃化溶液过冷至玻璃化转变温度,从而被固化成玻璃化态(非晶态),以减少冰晶形成对细胞质膜产生致命性伤害的目的。

2.3　本章小结

利用差示扫描量热仪和低温显微镜系统观测 CNT-PVS2 与 PVS2 在快速冷冻与解冻过程中的热力学特性,发现 CNT 使低温保护剂的玻璃化转变温度小幅升高,并在升温过程中出现熔融峰,并且在降温和升温过程中均未形成冰晶,说明 CNT 改善了低温保护剂的热物理性质而间接提高了百子莲 EC 超低温保存的细胞活性。

第3章 碳纳米管的分布及细胞超微结构观察

3.1 材料与方法

3.1.1 试验材料

选取"蓝色大花"百子莲（*A. praecox* ssp. *orientalis*），参照范现丽(2009)利用花梗作为外植体诱导百子莲愈伤组织，愈伤组织产生后再转移到 MS 培养基＋1.5 mg/L PIC＋3%蔗糖＋0.3%植物凝胶上继代培养获得 EC。每隔 30 d 继代一次，取继代培养 20 d 后的 EC 作为试验材料。

百子莲 EC 常规超低温保存体系各步骤如下。预培养：选取在继代培养基上增殖 20 d 并且生长状态良好的百子莲 EC，接种到含 0.5 mol/L 蔗糖的 MS 固体培养基上，在 4℃条件下暗培养 2 d；渗透保护：将预培养后的百子莲 EC 放入 2 mL 冷冻管中，加入装载液(MS＋0.4 mol/L 蔗糖＋2 mol/L 丙三醇＋10 mmol/L KNO₃)，室温处理 60 min；脱水：将冷冻管中的装载液置换成玻璃化溶液 PVS2(MS＋0.4 mol/L 蔗糖＋30%丙三醇＋15 %乙二醇＋15% Me₂SO)，0℃处理 40 min；快速冷冻与解冻：将冷冻管迅速投入液氮中保存 1 h，于 40℃水浴中快速解冻 90 s；洗涤：用洗涤液(MS＋1.2 mol/L 蔗糖＋10 mmol/L KNO₃)替换 PVS2，室温处理 30 min，每 10 min 更换一次新鲜的洗涤液；恢复培养 24 h：将洗涤后的百子莲 EC 接种在恢复培养基(同继代培养基)上，黑暗恢复培养。

单壁碳纳米管优化的 CNT-PVS2 超低温保存体系，即用单壁碳纳米管水溶液配制含 0.1 g/L 单壁碳纳米管的 CNT-PVS2 替代正常体系的 PVS2，其他步骤保持不变。

对百子莲 EC 常规超低温保存体系与 CNT-PVS2 超低温保存体系中未处理 EC(CK)、预培养(PC)、脱水(DH)、解冻(RW)、洗涤(DL)后的样品进行拉曼光谱分析和细胞超微结构观察。

3.1.2　主要设备与仪器

磁力搅拌器,超净工作台,Millipore 纯水仪,pH 计(Mettler Toledo),电子天平,SANYO 高压灭菌锅,恒温培养箱,水浴锅,液氮罐,冷冻管,120KV 透射电镜(FEI,美国),冷冻超薄切片机(Leica,UC6-FC6)。

3.1.3　实验药品及试剂

MS 粉,毒莠定(SIGMA),琼脂粉,蔗糖,无水乙醇,乙二醇,丙三醇,二甲基亚砜,戊二醛,锇酸,丙酮,Epon812 环氧树脂,醋酸双氧铀,硝酸铅,柠檬酸钠。

3.1.4　试验方法

3.1.4.1　拉曼光谱分析

将样品收集于载玻片上,自然风干。使用色散型共聚焦拉曼光谱仪(Senterra R200－L)进行检测。所使用的激发器波长为 785 nm,激光功率为 100 mW,曝光时间为 20 s,随机检测 3 个区域,取平均后生成一张谱图。原始光谱数据经拉曼光谱仪自带 OPUS 软件作图,不做平滑等其他数据处理。

3.1.4.2　透射电镜观察

3.1.4.2.1　样品的固定与包埋

(1)戊二醛前固定:分别称取 0.2 g 超低温保存各部处理后的百子莲 EC,迅速投入 3%戊二醛(0.1 M,pH7.0 磷酸缓冲液配制)固定液中,置于 4℃冰箱中固定 6 h。

(2)清洗:用磷酸缓冲液(0.1 M,pH7.0)清洗 3～4 次,每次清洗 30 min。

(3)锇酸后固定:将磷酸缓冲液清洗过的材料转移至 2%四氧化锇固定液中,4℃下固定过夜。

(4)清洗:后固定结束后,先用磷酸缓冲液(0.1 M,pH7.0)洗涤 3～4 次,再用重蒸水洗涤 2～3 次,每次洗涤 30 min。

(5)脱水:逐级梯度乙醇脱水,50%乙醇脱水 15 min,70%乙醇含 2%醋酸双氧铀染色过夜,70%乙醇 4℃冰箱中脱水 10 min,90%乙醇 4℃冰箱中脱水 15 min。丙酮脱水,先用 90%丙酮:90%乙醇=1:1 4℃冰箱中脱水 20 min,90%丙酮(无水乙醇配置)4℃冰箱中脱水 20 min,再用 100%丙酮脱水 3 次,室温下脱水时间 20 min。醋酸双氧铀染色液:醋酸双氧铀 2 g,50%乙醇 100 mL。

(6)渗透包埋:用包埋剂逐步取代脱水剂。用 1:1 的丙酮和 812 环氧树脂(v/v)处理 3 h 后,再用 1:2 的丙酮和 812 环氧树脂处理过夜,最后用纯树脂处理 2 次时间为 4 h。

(7)聚合:将包埋好的材料放进恒温箱中,37℃过夜处理,45℃聚合 12 h,60℃聚合 48 h。

3.1.4.2.2 透射电镜观察

利用超薄切片机将包埋块切成厚度为 70 nm 的超薄切片,再切片移到覆有薄膜的铜网中备用。用柠檬酸铅染色液染色 6 min,柠檬酸铅染色液组成为:硝酸铅 1.33 g,柠檬酸钠 1.76 g,蒸馏水 30 mL,1N 氢氧化钠 8 mL,pH 值 12。用 120KV 生物型透射电镜(FEI,美国)观察、拍照。

3.2 结果与分析

3.2.1 CNT-PVS2 超低温保存体系 EC 的拉曼光谱分析

利用拉曼光谱分析可以对 CNT 是否进入 EC 细胞进行定性检测,参考单壁碳纳米管的标准峰值来判定其存在与否。以 CK 样品为对照去除生物材料的背景干扰,可以看出 CNT-PVS2 脱水处理后,检测到两个明显的峰值(1 258 和 1 368 cm^{-1}),与 CNT 水溶液峰值比较,发现 CNT 进入了 EC 细胞(见图 3-1)。水溶液峰值与 EC 样品峰值的偏差可能是由于 CNT-PVS2 配制及 CNT 进入生物材料并与胞内物质发生作用有关。CNT 信号在脱水和解冻后较强,而洗涤后信号则相对有所减弱,可能是洗涤过程使部分 CNT 移出细胞。

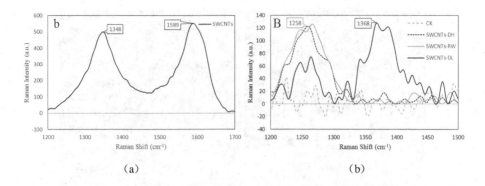

（a）　　　　　　　　　　　　　　　（b）

图 3 - 1　CNT-PVS2 体系中 EC 的拉曼光谱分析

左：单壁碳纳米管水溶液的拉曼光谱分析；右：CNT-PVS2 体系中 EC 的拉曼光谱分析。未处理（CK），脱水处理后（DH），解冻后（RW）和洗涤后（DL）

3.2.2　两个体系中 EC 的超微结构观察

3.2.2.1　百子莲 EC 正常继代培养细胞的超微结构

电镜观察结果如图 3 - 2 所示：百子莲 EC 细胞显示出清晰的细胞结构，细胞含有多个大小不一的液泡，一个大液泡占据了细胞的大部分空间，小体积液泡较少（见图 3 - 2，a1）。细胞的质膜结构清晰完整，细胞膜紧贴细胞壁。细胞内各细胞器完好，线粒体、高尔基体、内质网呈现出正常的细胞器结构，其中线粒体的数量最多，线粒体的膜结构和内脊清晰可见（见图 3 - 2，a2 - a4）。细胞中可见包含淀粉粒的淀粉体和脂质体（见图 3 - 2，a3 - a4）。以上观察说明这是一个细胞结构完整、代谢正常的百子莲 EC 细胞。

3.2.2.2　百子莲 EC 低温—高渗预处理后的超微结构

高渗培养基对百子莲 EC 进行预培养，可以诱导细胞脱出部分自由水，提高细胞的抗冻能力。在 0.5 mol/L 蔗糖的 MS 固体培养基上，4℃条件下预培养 2 d 后，百子莲 EC 细胞超微结构出现了一些变化，观察结果如图 3 - 3 所示：细胞发生了质壁分离，但细胞膜质结构完整，大部分细胞质壁分离程度轻微，小部分质壁分离严重的细胞，在细胞壁与细胞质之间产生了较大明显的空腔（见图 3 - 3，b1 - b2）。细胞内大液泡变小，小液泡增多。与对照相比较细胞中细胞器不同程度的皱缩，高尔基体和内质网结构变化明显，线粒体为数量最多的细胞器，与对照处理相比，线粒体数量增多，多数线粒体紧

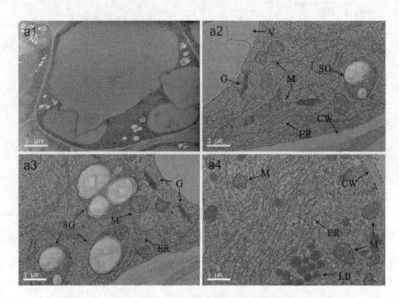

图 3 - 2　百子莲 EC 正常继代培养细胞的超微结构观察

CW:细胞壁;ER:内质网;G:高尔基体;LB:脂质体;M:线粒体;SG:淀粉粒;V:液泡

贴细胞膜内侧排列分布(见图 3 - 3,b2)。线粒体、高尔基体和内质网等细胞器发生了不同程度的皱缩现象,细胞内大淀粉粒变小,小淀粉粒增多(见图 3 - 3,b3 - b4)。

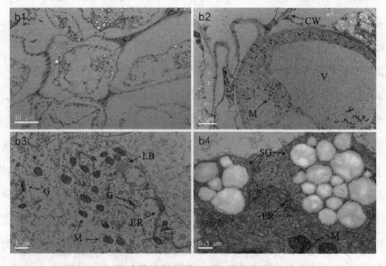

图 3 - 3　预培养后百子莲 EC 细胞的超微结构观察

CW:细胞壁;ER:内质网;G:高尔基体;LB:脂质体;M:线粒体;SG:淀粉粒;V:液泡

3.2.2.3 百子莲 EC 脱水处理后的超微结构

百子莲 EC 经过玻璃化溶液脱水处理后,细胞进一步脱水,质壁分离变得更加明显,原生质体严重收缩,细胞膜出现了皱褶,但细胞结构仍较完整(见图 3 - 4,c1)。细胞质膜表面有不规则突起,产生空泡现象,小液泡数量增多,淀粉粒大多数破裂,小淀粉粒数量增多(见图 3 - 4,c2)。细胞中高尔基体和内质网等细胞器普遍遭到破裂,线粒体膨大并出现空泡化,部分线粒体的内脊消失,内部小泡化基质稀薄化现象明显(见图 3 - 4,c3)。细胞中具有多层膜结构的囊泡出现(见图 3 - 4,c4)。从结构上看,百子莲 EC 细胞在脱水处理后已经受到一定的伤害。

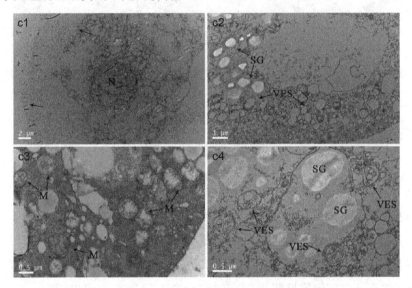

图 3 - 4 脱水处理后百子莲 EC 细胞的超微结构观察

M:线粒体;SG:淀粉粒;VES:囊泡

3.2.2.4 百子莲 EC 洗涤后的超微结构

百子莲 EC 经过液氮保存解冻并洗涤后,细胞质壁分离复原,部分细胞仍有轻微的质壁分离(见图 3 - 5,d1 - d3)。线粒体的膨大和基质稀少已等到缓解,细胞中出现了较大的液泡。大部分细胞缺少膜结构,质膜破裂或者变得不平整,细胞内容物瓦解,有纤维状的物质,可能是细胞器解体后留下

的碎片,淀粉粒体积由大变小,大量囊泡和脂质体贴细胞膜分布,说明这些
细胞在处理过程中质膜结构遭到损伤,发生的损伤不可逆,遭到了致死伤害
(见图 3 - 5,d3 - d4)。

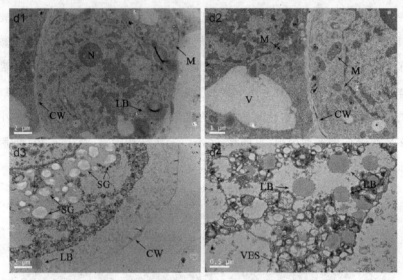

图 3 - 5 洗涤处理后百子莲 EC 细胞的超微结构观察

CW:细胞壁;LB:脂质体;M:线粒体;N:细胞核;SG:淀粉粒;V:液泡;VES:囊泡

3.2.2.5 CNT-PVS2 超低温保存体系中百子莲 EC 脱水处理后的超微结构

相比拉曼光谱分析,TEM 可以更加准确地看出 CNT 在胞内的分布,
CNT-PVS2 超低温保存体系脱水处理后的 EC 超微结构观察可以看出,
CNT 主要分布在细胞壁附近,并有部分 CNT 聚集在囊泡内(见图 3 - 6)。
相比于未添加 CNT 的体系,EC 保持了更加完整的细胞结构。Villagarcia
等(2011)提出碳纳米管可能作为仿生水通道,或调控已有水通道蛋白表达
来调节水分的渗透和运输,水分渗透主要发生在细胞壁和细胞膜上。CNT-
PVS2 超低温保存体系中预培养、渗透保护、脱水和洗涤过程均伴随着水分
渗透的发生,保存材料的超微结构观察也发现 CNT 主要分布在细胞壁和细
胞膜附近。

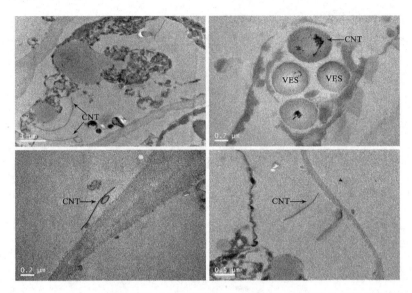

图 3 - 6   CNT-PVS2 超低温保存体系脱水处理后百子莲 EC 细胞的超微结构观察

CNT:单壁碳纳米管；VES:囊泡

3.2.2.6   CNT-PVS2 超低温保存体系中百子莲 EC 洗涤处理后的超微结构

在 CNT-PVS2 超低温保存体系洗涤处理后的 EC 超微结构观察可以看出 CNT 主要分布更为稀少，观察多个重复样品的多个视野才能看到 CNT 的分布，说明经过洗涤处理，部分 CNT 洗出了 EC 细胞，留存的 CNT 多呈管状碎片状，主要分布在胞质和囊泡内（见图 3 - 7），相比于未添加 CNT 的体系，EC 保持了较为完整的细胞结构。拉曼光谱分析中发现，CNT 信号在脱水和解冻后较强，而洗涤后信号则相对有所减弱，可能是洗涤过程使部分 CNT 移出细胞。CNT-PVS2 超低温保存体系 EC 超微结构观察证实了这一点，洗涤后 EC 中的 CNT 明显少于脱水后。

3.3   本章小结

在 CNT-PVS2 超低温保存体系的脱水、快速解冻及洗涤中，采用拉曼光谱分析发现 CNT 进入了 EC 细胞，并且 CNT 信号在脱水和解冻后较强，而

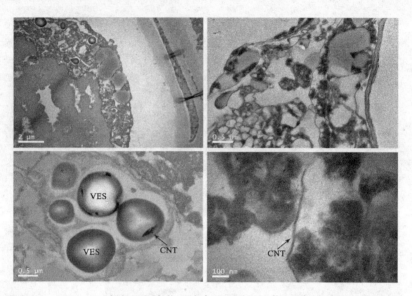

图 3-7　CNT-PVS2 超低温保存体系洗涤处理后百子莲 EC 细胞的超微结构观察

CNT:单壁碳纳米管;VES:囊泡

洗涤后信号则相对有所减弱,可能是洗涤过程使部分 CNT 移出细胞。进一步应用透射电镜观察 CNT 在百子莲 EC 胞内外的亚细胞定位情况,对照常规体系的 EC 细胞超微结构,CNT-PVS2 体系中的 EC 保持了更加完整的细胞结构。CNT-PVS2 脱水处理后,发现 CNT 主要分布在细胞壁附近,这有利于胞内水分的渗透和运输,并有部分 CNT 聚集在脱水处理产生的具有多层膜结构的囊泡内。经过洗涤处理后,CNT 分布更为稀少,说明洗涤处理使部分 CNT 洗出了 EC 细胞,留存的 CNT 多呈管状碎片状,主要分布在胞质和囊泡内。结合拉曼光谱和超微结构观察结果,发现 CNT 在脱水过程中通过 CNT-PVS2 对 EC 的处理,进入 EC 细胞,并在解冻后,通过洗涤处理大部分移出细胞。

第4章　常规与 CNT-PVS2 超低温保存体系中百子莲 EC 氧化胁迫响应的研究

4.1　材料与方法

4.1.1　试验材料

试验材料同 3.1.1。

4.1.2　主要设备与仪器

pH 计（Mettler Toledo），Eppendorf 5415D 离心机，Thermo Multifuge X1 R 低温高速离心机，电热恒温水浴锅，85－2 数显恒温磁力搅拌器，雪花制冰机，涡旋混合器，超净工作台，SANYO 高压灭菌锅，Millipore 纯水仪，超低温冰箱，Thermo 紫外/可见分光光度计，Thermo ClassTM CSSU911 水平电泳槽，Thermo PX2 Cycler PCR 仪，实时荧光定量 PCR 仪，Tanon GIS2020 凝胶成像系统，Thermo NanoDrop1000 微量紫外分光光度计。

4.1.3　实验药品及试剂

南京建成生物工程研究所生产的过氧化氢（H_2O_2）测试盒、总超氧化物歧化酶（T-SOD）测试盒、过氧化物酶（POD）测试盒、抗坏血酸（AsA）测试盒、谷胱甘肽（GSH）测试盒及过氧化氢酶（CAT）测试盒。无水乙醇，乙二醇，丙三醇，异丙醇，异戊醇，DMSO，冰乙酸，磷酸二氢钠，磷酸氢二钠，苯酚均为国产分析纯试剂。MS 粉购于 SIGMA 公司。牛血清白蛋白，蔗糖，琼脂粉，考马斯亮蓝 G250。植物 RNA 小量提取试剂盒购于上海莱枫生物科技有限公司，RNase inhibitor，PrimeScript Reverse Transcriptase，TAE，SYBR PrimeScript RT-PCR Kit II，Oligo dT_{18}，DNaseI，dNTP 购于 TAKARA 公司。

4.1.4　试验方法

4.1.4.1　ROS组分及抗氧化相关生理生化指标测定

样品匀浆液制备:称取0.2 g百子莲EC超低温保存不同阶段样品,在预冷的研钵中加入1.8 mL的0.1 mol/L磷酸缓冲液(pH 7.4)冰上研磨成浆,4℃下5000 rpm离心10 min,取上清液待测。

可溶性蛋白含量的测定应用考马斯亮蓝G-250法。

考马斯亮蓝G-250溶液配制:称取100 mg考马斯亮蓝G-250,溶于50 mL 90%乙醇中,加入100 mL 85%(w/v)磷酸,蒸馏水定容至1 L,贮于棕色瓶中。

标准蛋白质溶液(100 μg/mL牛血清白蛋白)配制:称取牛血清白蛋白25 mg,加水溶解并定容至50 mL,吸取上述溶液20 mL用蒸馏水稀释至100 mL。

标准曲线绘制:取6只10 mL离心管,分别加入0、0.2、0.4、0.6、0.8、1.0 mL标准蛋白溶液,并用水定容至1 mL。混匀后各加入5 mL考马斯亮蓝G-250溶液,放置5 min后在595 nm下比色。以蛋白质浓度为横坐标,以吸光度值为纵坐标绘制标准曲线。标准曲线为$A=0.0066B+0.039$($R^2=0.9879$)。

测定:取上清液0.1 mL于10 mL离心管中,加入0.9 mL双蒸水稀释并混匀,加入5 mL考马斯亮蓝G-250溶液,充分混合,放置2 min后于595 nm下测定吸光度,并通过标准曲线查得可溶性蛋白质含量。

$$可溶性蛋白含量(mg/g)=\frac{CV_t}{1\,000V_sW_f}$$

C——标准曲线值(μg)

V_t——提取液总体积(mL)

W_f——样品鲜重(g)

V_s——测定时加样量(mL)

4.1.4.1.1　过氧化氢(H_2O_2)含量的测定

按照测试盒说明书配制H_2O_2标准液后按操作步骤添加试剂,具体操作步骤如表4-1所示。

表 4 - 1　过氧化氢(H$_2$O$_2$)含量试剂盒操作步骤

试剂/mL	空白	标准管	测定管
试剂一	1.0	1.0	1.0
双蒸水	0.4	—	—
H$_2$O$_2$ 标准液	—	0.4	—
样本	—	—	0.4
试剂二	1.0	1.0	1.0

混匀,波长 405 nm,光径 1 cm,双蒸水调零,测定各管吸光度值。试剂要 37℃预温 10 min。计算公式如下,H$_2$O$_2$ 标准液浓度为 163 μmol/L。

$$H_2O_2 \text{ 含量}(\mu \text{mol/gprot}) = \frac{\text{测定 } OD \text{ 值} - \text{空白 } OD \text{ 值}}{\text{标准 } OD \text{ 值} - \text{空白 } OD \text{ 值}} \times \text{标准品浓度} +$$

待测样本蛋白浓度(gprot/L)

4.1.4.1.2　超氧化物歧化酶(SOD)活性的测定

按照说明书配制试剂一应用液、试剂四应用液及显色剂,按表 4 - 2 所示的操作步骤进行实验。

表 4 - 2　超氧化物歧化酶(SOD)活性试剂盒操作步骤

试剂/mL	测定管	对照
试剂一应用液	1.000	1.000
样品	0.045	—
双蒸水	—	0.045
试剂二	0.100	0.100
试剂三	0.100	0.100
试剂四应用液	0.100	0.100
用旋涡混匀器充分混匀后,置 37℃恒温水浴 40 min		
显色剂	2.000	2.000

涡旋混匀,室温静置 10 min。于波长 550 nm,1 cm 光径,双蒸水调零,

　　测定各管吸光度值。计算公式如下：

$$\text{SOD 活性}(\text{U/mgprot}) = \frac{\text{对照 } OD \text{ 值} - \text{测定 } OD \text{ 值}}{\text{对照 } OD \text{ 值}} \div 50 \times \frac{\text{反应液总体积}}{\text{取样量}} \div$$

待测样本蛋白浓度（mgprot/mL）

4.1.4.1.3　过氧化物酶（POD）活性测定

　　按照说明书配制试剂二应用液、试剂三应用液。按表 4-3 所示步骤添加试剂。

表 4-3　过氧化物酶（POD）活性试剂盒操作步骤

试剂/mL	对照管	测定管
试剂一	2.4	2.4
试剂二应用液	0.3	0.3
试剂三应用液	0.2	—
双蒸水	—	0.2
样本	0.1	0.1
混匀，37℃恒温水浴中准确反应 30 min		
试剂四	1.0	1.0

　　混匀，5 000 r/min 离心 10 min，取上清于波长 420 nm，1 cm 光径，双蒸水调零，测定各管吸光度值。计算公式如下：

$$\text{POD 活力}(\text{U/mgprot}) = \frac{\text{测定 } OD \text{ 值} - \text{对照 } OD \text{ 值}}{12 \times \text{比色光径}} \times \frac{\text{反应液总体积}}{\text{取样量}} \div$$

反应时间÷待测样本蛋白浓度（mgprot/L）×1 000

4.1.4.1.4　过氧化氢酶（CAT）活性的测定

　　按照说明书配制试剂三，按表 4-4 所示步骤添加试剂。

表 4-4　过氧化氢酶（CAT）活性试剂盒操作步骤

试剂/mL	对照管	测定管
组织匀浆	—	0.05
试剂一	1.00	1.00

（续表）

试剂/mL	对照管	测定管
试剂二	0.10	0.10
混匀,37℃准确反应 1 min		
试剂三	1.00	1.00
试剂四	0.10	0.10
组织匀浆	0.05	—

混匀,波长 405 nm,光径 0.5 cm,双蒸水调零,测定各管吸光度值。试剂一、试剂二需要在 37℃水浴中预温 5 min。计算公式如下:

$$CAT\ 活力（U/mgprot）=（对照\ OD\ 值-测定\ OD\ 值）\times 271 \times \frac{1}{60\times 取样量} \div 待测样品蛋白浓度（mgprot/mL）$$

4.1.4.1.5　抗坏血酸(AsA)含量的测定

按照试剂盒说明书配制试剂一应用液、试剂二应用液、试剂三应用液、试剂四应用液及 6 μg/mL 的 VC 标准品应用液。取 0.15 mL 样品匀浆液加入 0.45 mL 试剂一,涡旋混匀,放置 15 min 后 5 000 r/min 离心 10 min,取上清液进行测定。按表 4-5 所示步骤添加试剂。

表 4-5　抗坏血酸(AsA)含量试剂盒操作步骤

试剂/mL	空白管	标准管	测定管
试剂一应用液	0.40	—	—
VC 标准品应用液	—	0.40	—
上清液	—	—	0.40
试剂二应用液	0.50	0.50	0.50
试剂三应用液	1.00	1.00	1.00
试剂四应用液	0.25	0.25	0.25
充分混匀后, 37℃恒温水浴中反应 30 min			
试剂五	0.10	0.10	0.10

充分混匀,静置 10 min,波长 536 nm,光径 1 cm,双蒸水调零,测定各管

吸光度值。计算公式如下：

$$VC\text{含量}(\mu g/mgprot)=\frac{\text{测定}OD\text{值}-\text{空白}OD\text{值}}{\text{标准}OD\text{值}-\text{空白}OD\text{值}}\times\text{标准品浓度}\times4\div$$

待测匀浆蛋白浓度（mgprot/mL）

4.1.4.1.6 还原型谷胱甘肽（GSH）含量的测定

按照试剂盒说明书，配制试剂一应用液、试剂二、试剂三、试剂四及 20 μmol/L 的 GSH 标准液。取 0.5 mL 样本匀浆液加入 2 mL 试剂一，混匀后 5 000 r/mim 离心 10 min，取上清液进行测定。按表 4-6 所示步骤添加试剂。

表 4-6 还原型谷胱甘肽（GSH）含量试剂盒操作步骤

试剂/mL	对照管	标准管	测定管
试剂一应用液	1.00	—	—
GSH 标准品	—	1.00	—
上清液	—	—	1.00
试剂二	1.25	1.25	1.25
试剂三	0.25	0.25	0.25
试剂四	0.05	0.05	0.05

混匀，静置 5 min，420 nm 处，1 cm 光径，双蒸水调零，测定各管吸光度。计算公式如下：

$$GSH\text{含量}(mgGSH/gprot)=\frac{\text{测定}OD\text{值}-\text{空白}OD\text{值}}{\text{标准}OD\text{值}-\text{空白}OD\text{值}}\times\text{标准品浓度}$$

$\times307\times5\div$待测匀浆蛋白浓度（gprot/L）

4.1.4.2 碳纳米管对超低温保存过程中氧化胁迫损伤的影响

4.1.4.2.1 丙二醛（MDA）含量的测定

按照说明书指导，配制试剂二应用液和试剂三应用液。按表 4-7 所示步骤添加试剂。

表 4 - 7　丙二醛(MDA)测定试剂盒操作步骤

试剂/mL	空白管	标准管	测定管	对照管
10 nmol/mL 标准品	—	0.1	—	—
无水乙醇	0.1	—	—	—
测试样品	—	—	0.1	0.1
试剂一	0.1	0.1	0.1	0.1
混匀(摇动几下试管架)				
试剂二应用液	3.0	3.0	3.0	3.0
试剂三应用液	1.0	1.0	1.0	—
50%冰醋酸	—	—	—	1.0

　　旋涡混匀器混匀,试管口用保鲜膜扎紧防止加热时液体蒸发损失,95℃水浴(或用锅开盖煮沸)80 min,取出后流水冷却,然后 5 000 r/min,离心 10 min,取上清液,532 nm 处,1 cm 光径,双蒸水调零,测定各管吸光度值。计算公式如下。

$$\text{MDA 含量(nmol/mgprot)} = \frac{\text{测定 } OD \text{ 值} - \text{对照 } OD \text{ 值}}{\text{标准 } OD \text{ 值} - \text{空白 } OD \text{ 值}} \times \text{标准品浓度} \div$$

待测样品蛋白浓度(mgprot/mL)

4.1.4.2.2　相对电导率测定

　　取 0.2 g 百子莲 EC 样品,用去离子水冲洗后吸干水分,将吸干的样品放入 100 mL 烧杯中,加入 40 mL 去离子水,25℃浸泡两小时后,用电导率仪测定电导率 R;用保鲜膜封口,沸水浴 15 min,冷却至 25℃,摇匀,测定电导率 R_0。

$$\text{相对电导率} = \frac{R}{R_0} \times 100\%$$

4.1.4.3　氧化胁迫响应相关基因的表达水平分析

4.1.4.3.1　RNA 提取与纯化

1) RNA 提取

(1)取 0.1 g 百子莲 EC 置于研钵中,加入液氮研磨至粉末状,立即加入 600 μL Buffer RL,快速研磨使 Buffer RL 覆盖样品;室温放置至样品开始融化后立即快速研磨至样品完全融化;将 1 mL 枪头剪掉 1~2 mm,吸取 550 μL 溶液转入事先置于 2 mL 离心管内的预过滤柱－RD。

(2)7 000 g 离心 30 s,丢弃预过滤柱－RD。

(3)在上一步的滤液中加入 300 μL Buffer RBP;用试剂盒携带的 1 mL 枪头缓慢吹吸五次,吸取全部溶液;将 1 mL 枪头紧插在过滤枪头,缓慢吹打使溶液滤过滴入事先置于收集管中的 RNA 吸附柱－A。

(4)12 000 g 离心 2 min,弃废液,将 RNA 吸附柱－A 放回收集管中。

(5)加入 500 μL Buffer WAR,12 000 g 离心 1 min,弃收集管,将 RNA 吸附柱－A 放入另一个干净的收集管中。

(6)加入 500 μL Buffer WD,12 000 g 离心 1 min,弃废液,将 RNA 吸附柱－A 放回收集管中。

(7)加入 700 μL Buffer RW2,12 000 g 离心 1 min,弃废液,将 RNA 吸附柱－A 放回收集管中。

(8)加入 100 μL 无水乙醇,离心 2 min。

(9)将 RNA 吸附柱－A 转入试剂盒携带的 1.5 mL 离心管中,在硅胶模中央加 15 μL ddH$_2$O,离心 1 min。

2)RNA 完整性及质量检测

取 5 μL RNA 样品加入含 1% 琼脂糖的凝胶中电泳分析,电泳缓冲液为 1×TAE,120 V 电泳 30 min,检测 RNA 的带型,观察 RNA 的完整性。另取 1 μL RNA 样品,用 NanoDrop 1 000 微量紫外分光光度计检测 RNA 浓度和质量。

3)总 RNA 纯化

为防止基因组 DNA 和蛋白质、盐类物质影响后续试验结果,建立 RNA 纯化体系(见表 4-8)。

表 4-8 RNA 纯化体系配制

组分	体积
Total RNA	20~50 μg
10×DNase I Buffer	5 μL
DNase I(RNase-free, 5 U/μL)	2 μL

（续表）

组分	体积
RNase Inhibitor (40 U/μL)	0.5 μL
RNAase-free H$_2$O	Up to 50 μL

（1）在 1.5 mL 的 RNase-free 离心管中加入上述反应体系，混匀后在 37℃ 中水浴 30 min。

（2）加入 50 μL RNase-free 水将体系定容至 100 μL，然后加入等体积的苯酚/氯仿/异戊醇（25∶24∶1），混匀。

（3）室温下，13 500 g 离心 5 min，将上清液小心地移至新管中。

（4）加入等体积的氯仿/异戊醇（24∶1），混匀。

（5）室温下，13 500 g 离心 5 min，将上清液小心地移至新管中。

（6）加入 10 μL 3 mol/L 醋酸钠和 250 μL 预冷的乙醇，冰上放置 10 min。

（7）13,500 g 4℃ 离心 15 min，弃上清。

（8）加入 70% 预冷的乙醇小心洗净沉淀及管壁，13 500 g 4℃ 离心 5 min，弃上清。

（9）室温干燥沉淀 5 min，加入适量 65℃ 预热的 RNase−free 水溶解沉淀，待 RNA 沉淀完全溶解后于 −80℃ 保存待用。

4）RNA 完整性及质量检测

取 5 μL RNA 样品加入到含 1% 琼脂糖的凝胶中电泳分析，电泳缓冲液为 1×TAE，120 V 电泳 30 min，检测 RNA 的带型，观察 RNA 的完整性。另取 1 μL RNA 样品，用 NanoDrop 1 000 微量紫外分光光度计检测 RNA 浓度和质量。

4.1.4.3.2　cDNA 制备

在进行 cDNA 合成反应前，将纯化后的 RNA 溶液于 65℃ 水浴加热 5 min 后迅速置于冰中 2 min。

（1）在微量离心管中配制反应液，如表 4−9a 所示。

（2）离心数秒使模版 RNA、引物等的混合液聚集于微量离心管底部。

（3）在微量离心管中配制逆转录反应液，如表 4-9b 所示。

（4）混合均匀，室温放置 10 min 后，移至 42℃恒温水浴中反应 1 h。反应结束后在 70℃水浴加热 10 min，并放置于冰上冷却 2 min，-20℃保存待用。

表 4-9a　反转录体系配制

试剂	体积
Template RNA	2 μg（<5 μg）
Oligo dT Primer（50 μmoL/L）	1 μL
dNTP Mixture（10 mmoL/L）	1 μL
RNase-free H$_2$O	Up to 10 μL

表 4-9b　反转录体系配制

试剂	体积（μL）
Mixtures	10
5×1st Strand Synthesis Buffer	4
RNase Inhibitor（20 U/μL）	1
Reverse Transcriptase（200 U/μL）	1
RNase-free H$_2$O	Up to 20

4.1.4.3.3　定量分析氧化胁迫相关基因的 qRT-PCR 差异表达

1）引物设计与合成

百子莲基因序列目前没有文献报道可以参考，根据本实验室百子莲转录组分析结果，通过 NCBI 网站的 UniGene 数据库（http://www.ncbi.nlm.nih.gov/unigene）进行基因比对及匹配，选取保守序列区域，并结合 Beacon Designer 7.0 软件设计目标基因引物，引物列表如附录 1 所示。

利用 Beacon Designer 7.0 软件进行引物设计，选取 80 分以上的引物对并进行合成。合成的引物首先进行 PCR 扩增检测扩增效果，并利用实时荧光定量 PCR 检测引物特异性及目的基因扩增效率。引物由上海生工生物工程有限公司合成。

2）反应体系及程序

qRT－PCR 扩增体系中包括：稀释 25 倍的 cDNA 原液为模板，SYBR Premix EX Taq II（2×）10 μL，Forward Primer（10 μmol/L）0.5 μL，Reverse Primer（10 μmol/L）0.5 μL，ddH₂O 补齐至 20 μL，每个体系重复 3 次。反应程序为 94℃变性 3min，然后 PCR 扩增 40 个循环，每个循环包含 94℃变性 30 s，解链温度 Tm 复性 30 s，72℃延长 1 min。

3）数据分析方法

以 Actin 作为内参基因，以 3 次重复的几何平均值作为参照值。基因表达量的值应用 $2^{-\Delta\Delta Ct}$ 计算。其中 $\Delta\Delta Ct = \Delta[(Ct1 - Ct0) treated - (Ct1 - Ct0) control]$（1 代表目标基因，0 代表内参基因）。

4.1.5　数据分析

每个测定进行三次重复，所用数据为三次重复平均值，用 Excel 软件对数据进行整理和作图，并用 SAS 9.2 软件进行生理指标间的相关性分析。

4.2　结果与分析

4.2.1　两个体系中 EC 相对电导率变化

在玻璃化法超低温保存过程中，针对细胞膜的研究显示，超低温保存会造成细胞膜的大范围破坏，因此往往将细胞膜的完整性作为超低温保存的最低标准。当植物受到伤害时，质膜透性增大使得膜内离子外渗，因此电解质的渗透率变化反映了细胞膜透性的变化，常以此作为检验细胞膜伤害程度的重要指标。相对电导率值越大，反映电解质的渗漏量越多，表示细胞膜受害程度越重，故细胞膜透性的大小可间接地用组织的相对电导率衡量，组织相对电导率越高，说明细胞膜遭到破坏的程度就越大。

电解质最初外渗属被动扩散，随后的渗出量才是反映细胞膜的损伤程度，其含量大小反映了细胞膜的损伤程度，其中，脱水和解冻是电解质渗出增加的主要步骤。如图 4－1 所示，脱水后和解冻后电解质渗出量较高，在洗涤后都略微降低。图中可知添加 CNT 后洗涤后的相对电导率有所下降，添加 CNT 的优化体系的洗涤后相对电导率为 62.94%，和对照体系相比下降了 9.63%。以上结果表明,超低温保存过程中发生不同程度的膜损伤,尤其在脱水和解冻阶段程度较重;添加外源碳纳米后百子莲 EC 在超低温保存过程中相对电导率有所降低,细胞受到的膜损伤减小,但效果并不显著。

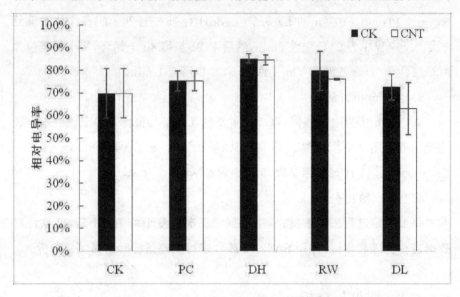

图 4 - 1　两个体系中 EC 的相对电导率变化

未处理 EC(CK)、预培养(PC)、脱水(DH)、解冻(RW)、洗涤(DL)后的样品,下同

4.2.2　两个体系中 EC 膜质过氧化程度分析

过量的膜脂过氧化产物的积累加剧了膜脂过氧化程度,从而对细胞膜产生伤害。丙二醛(MDA)是膜脂过氧化的终产物,标志着膜脂过氧化的程度,其中脱水和解冻是产生氧化胁迫的主要阶段。如图 4 - 2 所示,百子莲 EC 在超低温保存过程中的 MDA 含量在脱水、解冻、洗涤阶段均较高,并在解冻后达到峰值,在洗涤后有所降低。添加 CNT 的百子莲 EC 超低温体系 MDA 含量在取样点均比未添加时显著降低。其中,对照体系的百子莲 EC 解冻后 MDA 含量为 82.14 nmol/g,添加 CNT 的优化体系解冻后 MDA 含量为 31.39 nmol/g,降低了 61.78%。以上结果表明,百子莲 EC 在超低温保存过程中发生不同程度的膜脂过氧化,添加外源碳纳米材料后的优化体系 MDA 含量极显著低于对照体系,膜脂过氧化程度极显著降低,且 MDA 含量在解冻后达峰值。

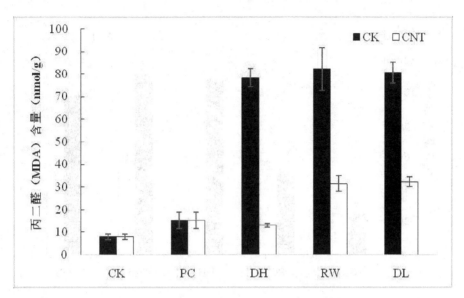

图 4-2　两个体系中 EC 的 MDA 含量变化

4.2.3　两个体系中 EC 重要 ROS 组分 H_2O_2 含量变化

如图 4-3 所示,百子莲 EC 在超低温保存过程中的 H_2O_2 含量均呈先上升、后下降的趋势,在解冻后达到峰值。添加 CNT 的优化保存体系各取样点 H_2O_2 含量均低于未添加 CNT 的对照体系。脱水后对照体系的 H_2O_2 含量为 108.50 $\mu mol/g$,而优化体系 H_2O_2 含量为 54.00 $\mu mol/g$,相比较降低了 50.23%;解冻后对照体系的 H_2O_2 含量为 110.91 $\mu mol/g$,而添优化的体系 H_2O_2 含量为 57.50 $\mu mol/g$,相比较降低了 48.16%;洗涤后对照体系的 H_2O_2 含量为 98.35 $\mu mol/g$,而优化体系的 H_2O_2 含量为 43.00 $\mu mol/g$,相比较降低了 56.28%。这些结果表明氧化胁迫在超低温保存各步骤中均存在,添加了 CNT 的优化保存体系能极显著降低诱导氧化胁迫产生的主要 ROS 组分 H_2O_2 的含量,且 H_2O_2 的含量在解冻后达到峰值。

4.2.4　两个体系中 EC 抗氧化系统的响应差异

4.2.4.1　抗氧化酶的响应

如图 4-4 所示,百子莲 EC 超低温保存过程中 SOD 活性在各取样点整体呈现上升趋势,添加 CNT 的优化保存体系增幅大于未添加 CNT 的对照体系,在脱水阶段两者相差不大,解冻后和洗涤后优化体系 SOD 活性大于

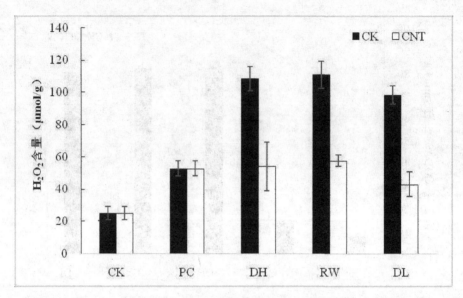

图 4-3　两个体系中 EC 的 H_2O_2 含量变化

对照体系,较对照体系分别增长了 29.24% 和 24.72%。这些结果表明添加 CNT 的优化保存体系能使 SOD 的活性在解冻后变强。

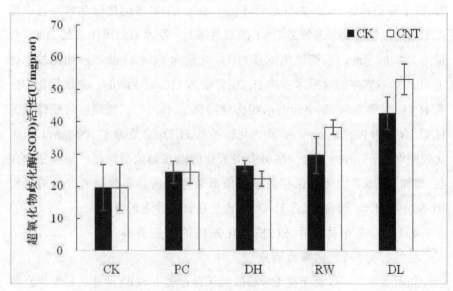

图 4-4　两个体系中 EC 的 SOD 活性变化

如图 4-5 所示,百子莲 EC 在超低温保存过程中,添加 CNT 的优化保存体系中 POD 活性整体大于未添加 CNT 的对照体系,且 POD 活性在解冻后达到最大值。在脱水后对照体系的 POD 活性为 16.43 U/mgprot,优化体系则为 60.94 U/mgprot,为对照体系的 3.71 倍;解冻后对照体系 POD 活性为 30.77 U/mgprot,优化体系则为 195.23 U/mgprot,为对照体系的 6.34 倍;洗涤后对照体系 POD 活性为 21.63 U/mgprot,优化体系则为 118.63 U/mgprot,为对照体系的 5.48 倍;添加了 CNT 的优化体系与对照体系 POD 活性具有极显著差异,这些结果表明添加 CNT 的优化保存体系能使 POD 的活性极大程度地变强,并且在解冻后达到最大值。

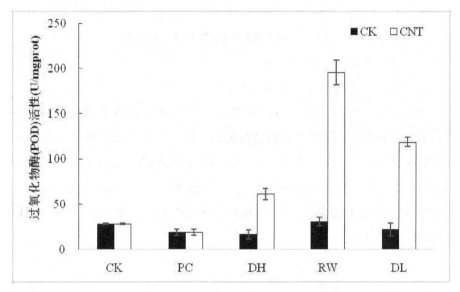

图 4-5　两个体系中 EC 的 POD 活性变化

如图 4-6 所示,百子莲 EC 超低温保存过程中 CAT 的活性在发生变化,未添加 CNT 的对照体系从脱水到洗涤 CAT 的活性呈现先减小后增大的趋势,在洗涤后达到峰值;添加了 CNT 的优化体系则呈现先增大后减小的趋势,在解冻后达到峰值。优化体系解冻后 CAT 活性极显著高于对照体系,为对照体系的 2.09 倍,而在脱水和洗涤阶段均低于对照体系,相较于对照体系分别低了 10.93% 和 23.19%。

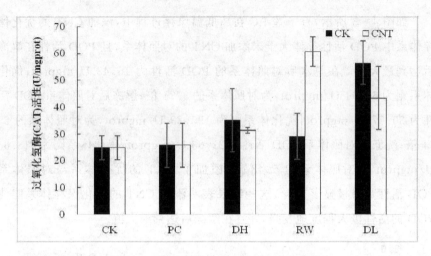

图 4-6　两个体系中 EC 的 CAT 含量变化

4.2.4.2　非酶促抗氧化剂的响应

如图 4-7 所示,百子莲 EC 超低温保存过程中 AsA 含量变化趋势相同,都呈增长趋势。脱水处理后和解冻后,添加 CNT 的优化体系与未添加 CNT 的对照体系 AsA 含量差异不大;洗涤后添加 CNT 的保存体系略高于对照体系,较对照体系高出 25.01%。这些结果表明添加 CNT 的优化体系在百子莲 EC 超低温保存过程中 AsA 含量略高于与未添加 CNT 的对照体系,但无显著差异。

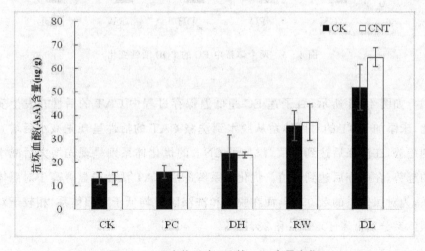

图 4-7　两个体系中 EC 的 AsA 含量变化

如图 4-8 所示,百子莲 EC 超低温保存过程中,添加 CNT 的优化体系 GSH 含量在脱水后极显著高于未添加 CNT 的对照体系,而在解冻和洗涤后均低于对照体系,在解冻后极显著低于对照体系。

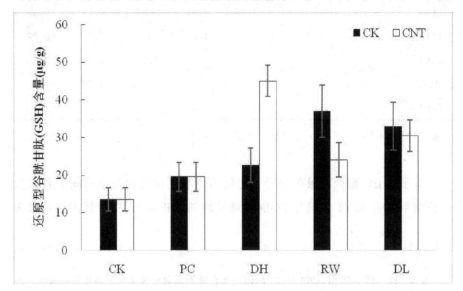

图 4-8　两个体系中 EC 的 GSH 含量变化

4.2.5　两个体系中百子莲 EC 氧化胁迫相关生理指标相关性分析

百子莲 EC 超低温保存过程中对照体系氧化胁迫相关指标间的相关性分析结果表明,CAT 含量与 H_2O_2 含量呈现显著的负相关关系,相关性系数为 $-0.99*$,AsA 含量与 H_2O_2 含量呈现极显著的负相关关系,相关系数为 $-1.00**$(见表 4-10)。

表 4-10　百子莲 EC 常规超低温保存体系氧化胁迫相关生理指标相关性

指标	相对电导率	MDA	H_2O_2	SOD	POD	CAT	AsA	GSH
相对电导率	1.00	−0.50	0.82	−0.97	−0.27	−0.80	−1.00**	−0.62
MDA		1.00	0.09	0.29	0.97	−0.12	0.50	0.99
H_2O_2			1.00	−0.93	0.33	−0.99*	−0.82	−0.07

(续表)

指标	相对电导率	MDA	H_2O_2	SOD	POD	CAT	AsA	GSH
SOD				1.00	0.04	0.92	0.97	0.43
POD					1.00	−0.36	0.27	0.92
CAT						1.00	0.80	0.03
AsA							1.00	0.63
GSH								1.00

* 差异性显著($P<0.05$);** 差异性极显著($P<0.01$)

百子莲 EC 超低温保存过程中优化体系氧化胁迫相关指标间的相关性分析结果表明,CAT 含量与 POD 含量呈现显著正相关关系,相关性系数为 0.99 *(见表 4-11)。

表 4-11 百子莲 EC CNT-PVS2 超低温保存体系氧化胁迫相关生理指标相关性

指标	相对电导率	MDA	H_2O_2	SOD	POD	CAT	AsA	GSH
相对电导率	1.00	−0.83	0.79	−0.99	−0.33	−0.31	−0.99	0.60
MDA		1.00	−0.33	0.90	0.80	0.79	0.78	−0.94
H_2O_2			1.00	−0.71	0.31	0.33	−0.84	−0.01
SOD				1.00	0.45	0.43	0.98	−0.70
POD					1.00	0.99 **	0.25	−0.95
CAT						1.00	0.23	−0.95
AsA							1.00	−0.53
GSH								1.00

* 差异性显著($P<0.05$);** 差异性极显著($P<0.01$)

4.2.6 抗氧化相关基因差异表达分析

如图 4-9 所示,在百子莲 EC 玻璃化法超低温保存过程中,添加 CNT

的优化体系与未添加 CNT 的对照体系相比,在脱水及解冻过程中,优化体系 *APX* 的表达量显著低于对照体系,在洗涤过程中恢复到与未添加 CNT 的保存体系一致水平;*CAT* 表达量在脱水过程和洗涤过程中极显著高于对照体系,在解冻过程中略高于对照体系;*Fe SOD* 表达量在脱水到洗涤过程中均显著低于对照体系;*Cu/Zn SOD* 的表达量在解冻过程中显著低于对照体系,在脱水和洗涤过程中略低于对照体系;*POD* 的表达量在脱水和解冻过程中均略低于对照体系,在洗涤过程中显著高于对照体系;*MDHAR* 的表达量在解冻过程中显著低于对照体系,在洗涤过程中显著高于对照体系;*GPX*1 的表达量显著低于对照体系,在洗涤过程中显著高于对照体系,在脱水过程中基本与对照体系保持一致水平;*GR* 的表达量在脱水到洗涤过程中均显著低于对照体系;*Peroxiredoxin* 的表达量均显著低于对照体系;*AOX* 的表达量在脱水和解冻过程中显著低于对照体系,在洗涤过程中显著高于对照体系。

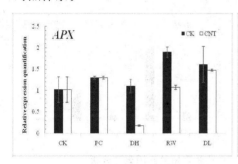
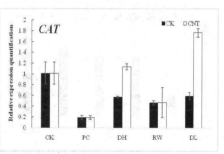
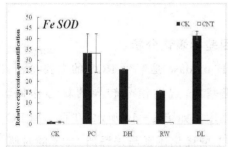
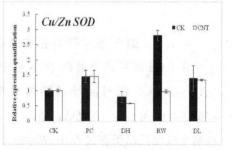

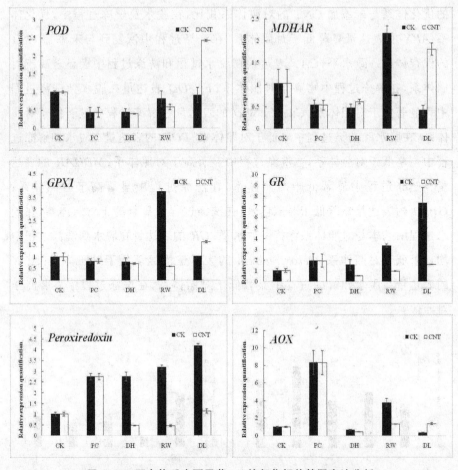

图 4 - 9　两个体系中百子莲 EC 抗氧化相关基因表达分析

4.2.7　ROS 信号转导相关基因差异表达分析

在 ROS 信号转导通路中，NADPH oxidase 是产生 ROS 的主要途径，*OXI*1 是 ROS 信号转导通路的关键基因，起到信号转导的核心作用，*MAPK*3 和 *MAPK*6 为 *OXI*1 的下游基因。如图 4 - 10 所示，在百子莲 EC 玻璃化法超低温保存过程中，添加 CNT 的优化体系与未添加 CNT 的对照体系相比，优化体系 *NADPH oxidase* 的表达量均极显著高于对照体系；*OXI*1 在解冻后表达量达到峰值，并显著高于添加优化体系；*MAPK*3 和 *MAPK*6 在优化和对照体系中的表达模式与 *OXI*1 相似，即非优化体系解冻后的表达量同样高于优化体系。

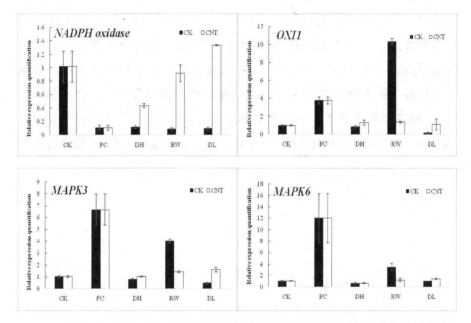

图 4 - 10 两个体系中百子莲 EC 的 ROS 信号转导相关基因表达分析

4.3 本章小结

对比百子莲 EC 在 CNT-PVS2 超低温保存体系与常规体系中氧化胁迫响应相关的生理指标和相关基因的表达情况,与常规体系相比较,CNT 使 MDA 和 H_2O_2 含量显著降低,SOD 的活性在解冻和洗涤后高于常规体系,CAT 的活性在脱水和解冻过程中相较于常规体系有较大提高,POD 的活性有显著提高,相关酶基因的表达水平分析也得到了同样的结果,说明 CNT-PVS2 体系主要通过 POD 和 CAT 这两种抗氧化酶来清除过量的 ROS 组分,有效降低了氧化胁迫的损伤程度,而常规体系则主要通过 AsA-GSH 循环和 GPX 循环来清除过量的 ROS 组分,且清除效果显著低于 CNT-PVS2 体系。

在 ROS 信号转导通路中,CNT-PVS2 体系中各阶段 *NADPH oxidase* 的表达量均显著高于常规体系,常规体系的冻融后 ROS 含量达到最大值,使 ROS 信号转导显著增强,其中 ROS 信号转导通路的关键基因 *OXI* 在冻融后表达量达到峰值,并显著高于 CNT-PVS2 体系, *OXI* 下游的 *MAPK* 3/6 在常规体系同样均上调表达,说明常规体系在冻融过程中产生了过量的 ROS,打破了 ROS 产生与清除的平衡,说明了解冻是产生 ROS 诱导的氧化胁迫的最主要步骤。CNT 对 EC 抗氧化系统的调控作用,使 EC 在 CNT-PVS2 体系中保持着较为平衡、稳定的 ROS 信号水平,也决定了两个超低温保存体系中的 EC 所承受 ROS 诱导的氧化胁迫程度的差异,并最终导致细胞冻后活性的差异。

第 5 章　常规与 CNT-PVS2 超低温保存体系百子莲 EC 线粒体电子传递链的研究

5.1　材料与方法

5.1.1　试验材料

线粒体的电子传递链复合物 I～V 的活性分析采用提取纯化的百子莲 EC 线粒体,将线粒体溶于 Store Buffer 作为对照样品,线粒体溶于含 0.1 g/L 单壁碳纳米管的 Store Buffer 作为处理样品,4℃处理 1 h 后进行后续线粒体蛋白及线粒体电子传递链复合物 I～V 的活性分析。

线粒体电子传递链相关基因的定量分析试验材料同 3.1.1。

5.1.2　主要设备与仪器

主要设备与仪器同 4.1.2。

5.1.3　实验药品及试剂

植物线粒体提取试剂盒购于百浩生物科技有限公司,蛋白定量(BCA法)测试盒、线粒体呼吸链复合物 I 活性比色法定量检测试剂盒、线粒体呼吸链复合物 II 活性比色法定量检测试剂盒、线粒体呼吸链复合物 III 活性比色法定量检测试剂盒、线粒体呼吸链复合物 IV 活性比色法定量检测试剂盒、线粒体呼吸链复合物 V 活性比色法定量检测试剂盒购于南京建成生物工程研究所。其他实验药品及试剂同 4.1.3。

5.1.4　试验方法

5.1.4.1　百子莲 EC 线粒体的提取

百子莲 EC 线粒体的提取采用百浩生物科技有限公司生产的植物线粒体提取试剂盒,参考试剂盒说明书略有改动进行操作。

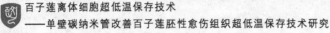

（1）取百子莲胚性愈伤组织 2 g，液氮研磨，加入 1.5 mL 预冷的 Lysis Buffer/β－巯基乙醇溶液，混匀。

（2）将研磨混合物放于 2 mL 离心管，4℃，1 000 g 离心 5 min。

（3）将上清转移到新的离心管中，在沉淀中加入 0.5 mL Lysis Buffer/β－巯基乙醇溶液，混匀，再次 4℃，1 000 g 离心 5 min，取上清。

（4）合并两次上清，将上清 4℃ 1 000 g 再次离心 5 min。

（5）取上清，加入一新的离心管中，4℃，16 000 g 离心 10 min，线粒体沉淀在管底。

（6）在线粒体沉淀中加入 0.5 mL Wash Buffer 重悬线粒体沉淀，4℃，1 000 g 离心 5 min。

（7）取上清，加入一新的离心管中，4℃，16 000 g 离心 10 min。弃上清，高纯度的线粒体沉淀在管底。

（8）用 100 μL Store Buffer 重悬线粒体沉淀，－80℃保存。

5.1.4.2　线粒体蛋白含量的测定

标准曲线的制作：

将 56.3 g/L 蛋白标准品用双蒸水稀释成不同浓度：2 500、1 000、500、250、100、50、25、0 μg/mL，进行表 5－1 的操作。

表 5－1　蛋白定量标准曲线制作的操作步骤

单位/μL	空白管	标准管
双蒸水	20	—
不同浓度的标准品	—	20
工作液	250	250
涡旋混匀，37℃孵育 30 min		
终止反应液	750	750

涡旋混匀，静置 5 min，562 nm 波长，0.5 cm 光径，双蒸水调零，测定各管吸光度值。

线粒体蛋白含量测定采用南京建成生物工程研究所生产的蛋白定量（BCA 法）测试盒，参考测试盒说明书略有改动进行操作，具体操作步骤如表

5－2 所示。

表 5－2　蛋白定量(BCA 法)测试盒操作步骤

单位/μL	空白管	标准管	测定管
双蒸水	20	—	—
563 μL/mL 标准品	—	20	—
样品	—	—	20
工作液	250	250	250
涡旋混匀,37℃孵育 30 min			
终止反应液	750	750	750

涡旋混匀,静置 5 min,562 nm 波长,0.5 cm 光径,双蒸水调零,测定各管吸光度值。

计算公式:

$$总蛋白浓度(\mu g/mL) = \frac{测定\ OD\ 值 - 空白\ OD\ 值}{标准\ OK\ 值 - 空白\ OD\ 值} \times 标准品浓度(536\ \mu g/mL) \times 样本测定前稀释倍数$$

5.1.4.3　线粒体电子传递链复合物 I 活性定量检测

线粒体电子传递链复合物 I(NADH－辅酶 Q 还原酶)测定采用南京建成生物工程研究所生产的线粒体呼吸链复合物 I 活性比色法定量检测试剂盒,参考测试盒说明书略有改动进行操作。

1) 测定准备

设定好双波长分光光度仪(温度为 30℃):波长分别为 340 nm 和 380 nm,间隔 30 s,读数 7 次(共 3 min),并置零。

2) 背景对照测定

移取 780 μL 缓冲液(Reagent A)到新的比色皿,加入 100 μL 反应液(Reagent B),加入 20 μL 底物液(Reagent D),放进 30℃培养箱里静置 3 min;加入 100 μL 阴性液(Reagent C),上下倾倒数次,混匀(限定在 3 s 之内),即刻放进分光光度仪检测,此为背景空对照:

(340 波长读数－380 波长读数)$_{0\ min}$－(340 波长读数－380 波长读数)$_{1\ min或3\ min}$

3）样品总活性测定

移取 780 μL 缓冲液（Reagent A）到新的比色皿，加入 100 μL 反应液（Reagent B），加入 20 μL 底物液（Reagent D），放进 30℃培养箱里静置 3 min；加入 100 μL 待测样品（10 μg 总线粒体蛋白），上下倾倒数次，混匀（限定在 3 s 之内），即刻放进分光光度仪检测，此为样品总活性读数：

$$(340 波长读数 - 380 波长读数)_{0 min} - (340 波长读数 - 380 波长读数)_{1 min或3 min}$$

4）样品非特异活性测定

移取 760 μL 缓冲液（Reagent A）到新的比色皿，加入 100 μL 反应液（Reagent B），加入 20 μL 专性液（Reagent E），加入 20 μL 底物液（Reagent D），放进 30℃培养箱里静置 3 min；加入 100 μL 待测样品（10 μg 总线粒体蛋白），上下倾倒数次，混匀（限定在 3 s 之内），即刻放进分光光度仪检测，此为样品非特异活性读数：

$$(340 波长读数 - 380 波长读数)_{0 min} - (340 波长读数 - 380 波长读数)_{1 min或3 min}$$

5）计算样品活性

样品活性（总活性或非特异活性）：

[（样品读数－背景读数）×1（体系容量；mL）×样品稀释倍数]÷[0.1（样品容量；mL）×5.5（毫摩尔吸光系数）×1 或 3（反应时间；min）]＝U/mL÷（样品蛋白浓度）mg/mL＝U/mg

U＝μmol NADH/min

样品特异活性：

样品总活性－样品非特异活性＝样品特异活性

5.1.4.4　线粒体电子传递链复合物 II 活性定量检测

线粒体电子传递链复合物 II（琥珀酸－辅酶 Q 还原酶）测定采用南京建成生物工程研究所生产的线粒体呼吸链复合物 II 活性比色法定量检测试剂盒，参考测试盒说明书略有改动进行操作。

1）测定准备

设定好分光光度仪（温度为 30℃）：波长为 600 nm，间隔 60 s，读数 6 次（共 5 min），并置零。

2）背景对照测定

移取 780 μL 缓冲液（Reagent A）到新的比色皿，加入 100 μL 反应液（Reagent B），加入 20 μL 底物液（Reagent D），上下倾倒数次，混匀，放进 30℃ 培养箱里静置 3 min；加入 100 μL 阴性液（Reagent C），上下倾倒数次，混匀（限定在 3 s 之内），即刻放入分光光度仪检测，此为背景空对照：

$$600 \text{ 波长读数}_{0\text{ min}} - 600 \text{ 波长读数}_{1\text{ min或5 min}}$$

3）样品活性测定

移取 780 μL 缓冲液（Reagent A）到新的比色皿，加入 100 μL 反应液（Reagent B），加入 20 μL 底物液（Reagent D），上下倾倒数次，混匀，放进 30℃ 培养箱里静置 3 min；加入 100 μL 待测样品（10 μg 总线粒体蛋白），上下倾倒数次，混匀（限定在 3 s 之内），即刻放入分光光度仪检测，此为样品活性读数：

$$600 \text{ 波长读数}_{0\text{ min}} - 600 \text{ 波长读数}_{1\text{ min或5 min}}$$

4）计算样品活性

[（样品读数－背景读数）×1（体系容量；mL）×样品稀释倍数]÷[0.1（样品容量；mL）×21.8（毫摩尔吸光系数）×1 或 5（反应时间；min）]＝U/mL÷（样品蛋白浓度）mg/mL＝U/mg

U＝μmol 二氯酚靛酚/min

5.1.4.5　线粒体电子传递链复合物 III 活性定量检测

线粒体电子传递链复合物 III（辅酶 Q－细胞色素 C 还原酶）测定采用南京建成生物工程研究所生产的线粒体呼吸链复合物 III 活性比色法定量检测试剂盒，参考测试盒说明书略有改动进行操作。

1）测定准备

设定好分光光度仪（温度为 30℃）：波长为 550 nm，间隔 60 s，读数 3 次（共 2 min），并置零。

实验开始前，将－20℃冰箱里的试剂盒中稳定液 B（Reagent F2）置于冰槽里融化，然后移出 1 mL 到稳定液 A（Reagent F1）管里，混匀后，标记为稳定工作液，置于冰槽里备用（15 min 内用完）。然后将－20℃冰箱里试剂盒中反应液（Reagent B）室温下融化，然后移取 10 μL 到 1.5 mL 离心管，加入 10 μL 稳定工作液，轻柔混匀后，室温下避光静置 15 min（可见颜色变白），标记为反应工作液,然后即可进行下列操作。

2)背景对照测定

移取 870 μL 缓冲液(Reagent A)到新的比色皿,加入 10 μL 反应工作液 ,加入 20 μL 底物液(Reagent D),室温下静置 10 min,避免光照;加入 100 μL 阴性液(Reagent C),上下倾倒数次,混匀(限定在 3 s 之内),即刻放入分光光度仪检测,此为背景空对照:

$$550\ 波长读数_{1\ min或2\ min} - 550\ 波长读数_{0\ min}$$

3)样品总活性测定

移取 870 μL 缓冲液(Reagent A)到新的比色皿,加入 10 μL 反应工作液,加入 20 μL 底物液(Reagent D),室温下静置 10 min,避免光照;加入 100 μL 待测样品(10 μg 总线粒体蛋白),上下倾倒数次,混匀(限定在 3 s 之内),即刻放入分光光度仪检测,此为样品总活性读数:

$$550\ 波长读数_{1\ min或2\ min} - 550\ 波长读数_{0\ min}$$

4)样品非特异活性测定

移取 850 μL 缓冲液(Reagent A)到新的比色皿,加入 10 μL 反应工作液,避免光照,加入 20 μL 底物液(Reagent D),室温下静置 10 min,避免光照;加入 20 μL 专性液(Reagent E),加入 100 μL 待测样品(10 μg 总线粒体蛋白),上下倾倒数次,混匀(限定在 3 s 之内),即刻放入分光光度仪检测,此为样品非特异活性读数:

$$550\ 波长读数_{1\ min或2\ min} - 550\ 波长读数_{0\ min}$$

5)计算样品活性

样品活性(总活性和非特异活性):

[(样品读数-背景读数)×1(体系容量;mL)×样品稀释倍数]÷[0.1(样品容量;mL)×21.84(毫摩尔消光系数)×1 或 2(反应时间;min)]＝U/mL÷(样品蛋白浓度)mg/mL＝U/mg

$U = \mu mol\ CoQH_2$(还原型泛醌)/min

样品特异活性:

样品总活性-样品非特异活性＝样品特异活性

5.1.4.6　线粒体电子传递链复合物 IV 活性定量检测

线粒体电子传递链复合物 IV(细胞色素 C—氧化还原酶)测定采用南京建成生物工程研究所生产的线粒体呼吸链复合物 IV 活性比色法定量检测试剂盒,参考测试盒说明书略有改动进行操作。

1) 测定准备

设定好分光光度仪:温度 25℃,波长 550 nm,间隔 10 s,测读 3 次(共 20 s),并置零或设置 0 s 和 20 s 各测读 3 次。

2) 背景对照测定

移取 850 μL 缓冲液(Reagent A)到新的 1 mL 比色皿,加入 100 μL 稀释液(Reagent C),上下倾倒数次,混匀,室温下孵育 3 min;加入 50 μL 含有反应液(Reagent B)和稳定液(Reagent D)的反应工作液,上下倾倒数次,混匀,即刻放进分光光度仪检测,此为背景空对照(0 s 读数—20 s 读数)。

3) 样品测定

移取 850 μL 缓冲液(Reagent A)到新的比色皿,加入 100 μL 待测样品(2 μg 线粒体蛋白),上下倾倒数次,混匀,室温下孵育 3 min;加入 50 μL 含有反应液(Reagent B)和稳定液(Reagent D)的反应工作液,即刻上下倾倒数次,混匀(限定在 3 s 之内),即刻放进分光光度仪检测,此为样品读数(0 s 读数—20 s 读数)。

4) 计算样品活性

[(样品读数—背景读数)×1(体系容量;mL)×样品稀释倍数] ÷ [0.1(样品容量;mL)×21.84(毫摩尔吸光系数 ×1(反应时间;min)]=U/mL÷(样品蛋白浓度)mg/mL=U/mg

U=μmol 细胞色素 C/min

5.1.4.7　线粒体电子传递链复合物 V 活性定量检测

线粒体电子传递链复合物 V(F0F1—ATP 酶/ATP 合成酶)测定采用南京建成生物工程研究所生产的线粒体呼吸链复合物 V 活性比色法定量检测试剂盒,参考测试盒说明书略有改动进行操作。

1) 测定准备

设定好分光光度仪(温度为 30℃):波长为 340 nm,间隔 30 s,读数 11 次

（共 5 min），并置零。

2）背景对照测定

移取 780 μL 缓冲液（Reagent A）到新的比色皿，加入 100 μL 反应液（Reagent B），加入 20 μL 底物液（Reagent D），放进 30℃ 培养箱里孵育 3 min；加入 100 μL 阴性液（Reagent C），上下倾倒数次，混匀（限定在 3 s 之内），即刻放进分光光度仪检测，此为背景空对照：

$$340\ 波长读数_{0\ min} - 340\ 波长读数_{1\ min或5\ min}$$

3）样品总活性测定

移取 780 μL 缓冲液（Reagent A）到新的比色皿，加入 100 μL 反应液（Reagent B），加入 20 μL 底物液（Reagent D），放进 30℃ 培养箱里孵育 3 min；加入 100 μL 待测样品（10 μg 总线粒体蛋白），上下倾倒数次，混匀（限定在 3 s 之内），即刻放进分光光度仪检测，此为样品总活性读数：

$$340\ 波长读数_{0\ min} - 340\ 波长读数_{1\ min或5\ min}$$

4）样品非特异活性测定

实验开始前，移取 100 μL 待测样品（10 μg 总线粒体蛋白）到 1.5 mL 离心管，加入 20 μL 专性液（Reagent E），混匀后，放进 30℃ 培养箱里孵育 15 min。然后置于冰槽里备用。

移取 760 μL 缓冲液（Reagent A）到新的比色皿，加入 100 μL 反应液（Reagent B），加入 20 μL 底物液（Reagent D），放进 30℃ 培养箱里孵育 3 min；加入 120 μL 上述预处理的待测样品，上下倾倒数次，混匀（限定在 3 s 之内），即刻放进分光光度仪检测，此为样品非特异活性读数：

$$340\ 波长读数_{0\ min} - 340\ 波长读数_{1\ min或5\ min}$$

5）计算样品活性

样品活性（总活性和非特异活性）：

[（样品读数－背景读数）×1（体系容量；mL）×样品稀释倍数] ÷ [0.1（样品容量；mL）×6.22（毫摩尔吸光系数）×1 或 5（反应时间；min）]＝U/mL÷（样品蛋白浓度）mg/mL＝U/mg

U＝μmol NADH/min

样品特异活性：

样品总活性测定－样品非特异活性测定＝样品特异活性

5.1.4.8　线粒体电子传递链相关基因的表达水平分析

试验方法同 4.1.4.3,线粒体电子传递链相关基因引物列表见附录 2。

5.1.5　数据分析

数据分析方法同 4.1.5。

5.2　结果与分析

5.2.1　CNT 处理的线粒体蛋白含量分析

BCA(Bicinchoninic acid)蛋白质检测法是当前快速简单、灵敏度高、稳定可靠且对不同种类蛋白质变异系数甚小的专用于检测总蛋白质含量的方法。检测浓度下限达到 20 μg/mL,最小检测蛋白量达到 0.5 μg,在 20~2 000 μg/mL 浓度范围内有良好的线性关系;测定蛋白浓度不受绝大部分化学物质的影响,包括不受离子型和非离子型去污剂影响,可以兼容样品中高达 5% 的 SDS,5% 的 Triton X－100,5% 的 Tween 20、60、80;检测不同蛋白质分子的变异系数远小于考马斯亮蓝法蛋白定量。基于 BCA 法蛋白含量测定的以上优点,本试验采用该法对百子莲 EC 线粒体蛋白含量进行定量分析。

首先通过试验绘制了 BCA 法蛋白定量标准曲线(见图 5-1),线性回归分析表明该曲线方程可用于后续蛋白定量分析($R^2 = 0.999$)。进一步对提取的线粒体进行蛋白定量分析,对照线粒体蛋白含量为 271.36 μg/mL,单壁碳纳米管处理的线粒体蛋白含量为 385.48 μg/mL,说明储存在含有 CNT 的保存液中的线粒体经过低温处理,其蛋白含量较对照高,CNT 在保持线粒体蛋白活性方面有着一定的作用。

5.2.2　CNT 处理的线粒体电子传递链复合物 I 活性分析

线粒体电子传递链复合物 I,通常称为还原型烟酰胺腺嘌呤二核苷酸辅酶 Q 还原酶(reduced nicotinamide adenine dinucleotide coenzyme Q reductase;NADH-CoQ reductase),又称为还原型烟酰胺腺嘌呤二核苷酸脱氢酶(reduced nicotinamide adenine dinucleotide dehydrogenase;NADH

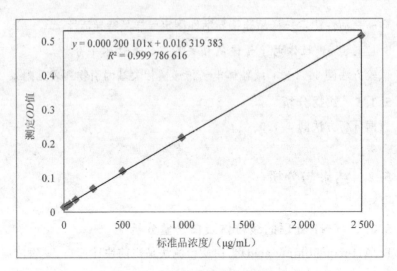

图 5 - 1　蛋白定量标准曲线及公式

dehydrogenase），是线粒体电子传递链中最大的结构成分：含有 30 至 40 多个多肽结构。其特征性的酶活性是鱼藤酮敏感的 NADH－辅酶 Q 还原酶（NADH：Q Reductase）。复合物 I 催化线粒体内电子由供体 NADH 传递到内膜上辅酶 Q 受体（泛醌；ubiquinone）的能量转移反应，为整个呼吸链反应系统的第一步。基于辅酶 Q 底物，在鱼藤酮存在与否的情况下，通过 NADH－辅酶 Q 还原酶的催化，转化成还原型泛醌（CoQH2），同时还原型烟酰胺腺嘌呤二核苷酸（reduced nicotinamide adenine dinucleotide；NADH）转化为氧化型烟酰胺腺嘌呤二核苷酸（nicotinamide adenine dinucleotide；NAD），在分光光度仪下产生吸收峰值的变化（340 nm 波长），由此定量测定 NADH－辅酶 Q 还原酶的特异活性。

　　由于通常反应 1 min 后比色测定值趋于稳定，测定值由高到低变化，测定可以持续 3 min。因此，分别对 1 min 和 3 min 的吸光度值进行了分析，发现对照和 CNT 处理样品的 1 min 和 3 min 测定值均低于 0 min 测定读数，表明有复合物 I 活性。线粒体电子传递链复合物 I（NADH－辅酶 Q 还原酶）单位活性定义为：在 30℃，pH 7.5 条件下，每分钟内能够氧化 1 微摩尔还原型烟酰胺腺嘌呤二核苷酸（NADH）所需的酶量作为一个活性单位。反应 1 min 时，对照样品的线粒体电子传递链复合物 I 活性为 0.026 8 U/mg，

CNT 处理的线粒体其复合物 I 活性为 0.004 7 U/mg；当反应至 3 min 时，对照样品的复合物 I 活性为降至 0.006 7 U/mg，CNT 处理样品活性则为 $1.759\ 16E^{-16}$ U/mg，结果表明 CNT 处理显著降低了线粒体电子传递链复合物 I 的活性。

5.2.3　CNT 处理的线粒体电子传递链复合物 II 活性分析

线粒体电子传递链复合物 II，通常称为琥珀酸－辅酶 Q 还原酶或琥珀酸脱氢酶（succinate-coenzyme Q Reductase；succinate dehydrogenase），是线粒体电子传递链与三羧酸循环链接的载体：含有四个亚单位，包括共价结合的辅基黄素腺嘌呤二核苷酸（flavin adenine dinucleotide；FAD）和三个铁硫中心（Fe－S clusters），以及细胞色素 b 亚单位，其最特征性的酶活性是丙二酸钠敏感的琥珀酸－辅酶 Q 还原酶。复合物 II 催化琥珀酸（succinate）被氧化为富马酸（fumarate），线粒体内电子由供体 FAD 传递到内膜上辅酶 Q 受体（泛醌；ubiquinone）的能量转移反应，进行呼吸链传递。基于琥珀酸底物，通过琥珀酸－辅酶 Q 还原酶的催化，氧化为富马酸，同时氧化型二氯酚靛酚（dichlorophenal-indophenol；DCPIP）转化为还原型二氯酚靛酚（dichlorophenal-indophenol；DCPIPH2），在分光光度仪下产生吸光峰值的变化（600 nm 波长），由此定量测定琥珀酸－辅酶 Q 还原酶的特异活性。

由于通常反应 1 min 后比色测定值趋于稳定，测定值由高到低变化，测定可以持续 5 min。因此，分别对 1 min 和 5 min 的吸光度值进行了分析，发现对照和 CNT 处理样品的 1 min 和 5 min 测定值均低于 0 min 测定读数，表明有复合物 II 活性。线粒体电子传递链复合物 II（琥珀酸－辅酶 Q 还原酶）单位活性定义为：在 30℃，pH 7.5 条件下，每分钟内能够还原 1 微摩尔合成辅酶 Q 同功类似物二氯酚靛酚（DCPIP）所需的酶量作为一个活性单位。反应 1 min 时，对照样品的线粒体电子传递链复合物 II 活性为 0.006 8 U/mg，CNT 处理的线粒体其复合物 II 活性为 0.003 6 U/mg；当反应至 5 min 时，对照样品的复合物 II 活性为降至 0.002 4 U/mg，CNT 处理样品活性则为 $1.032\ 15E^{-18}$ U/mg，结果表明 CNT 处理降低了线粒体电子传递链复合物 II 的活性。

5.2.4　CNT 处理的线粒体电子传递链复合物 III 活性分析

线粒体电子传递链复合物 III，通常称为辅酶 Q－细胞色素 C 还原酶、

细胞色素还原酶或 *bc*1 复合物（ubiquinol cytochrome c oxidoreductase；cytochrome reductase；*bc*1 complex），是线粒体电子传递链的中心元素：含有 11 个亚单位，包括细胞色素 b(cytochrome *b*)，细胞色素 c1(cytochrome *c*1)和 rieske 铁硫蛋白(rieske iron-sulfur protein)，通过 Q 循环（Q cycle）进行催化作用。其特征性的酶活性是抗霉素敏感的辅酶 Q—细胞色素 C 还原酶。复合物 III 催化氧化型细胞色素 C 被还原为还原型细胞色素 C，线粒体内电子由供体还原型泛醌（ubiquinol；UQH2）或还原型辅酶 Q（reduced Coenzyme Q；CoQH$_2$）传递到细胞色素 C 上的能量转移反应，进行呼吸链传递。辅酶 Q—细胞色素 C 还原酶反应系统测定氧化型细胞色素 C 的浓度变化。基于还原型泛醌或还原型辅酶 Q 底物，在抗霉素存在与否的情况下，通过辅酶 Q—细胞色素 C 还原酶的催化，转化成泛醌（ubiquinone；UQ）或辅酶 Q(coenzyme Q；CoQ)，同时氧化型细胞色素 C，转化为还原型细胞色素 C，在分光光度仪下产生吸光峰值的变化（550 nm 波长），由此定量测定辅酶 Q—细胞色素 C 还原酶的特异活性。

　　测定值由低到高变化，测定可以持续 2 min。因此，分别对 1 min 和 2 min 的吸光度值进行了分析，发现对照和 CNT 处理样品的 1 min 和 2 min 测定值均高于 0 min 测定读数，表明有复合物 III 活性。线粒体电子传递链复合物 III（辅酶 Q—细胞色素 C 还原酶）单位活性定义为：在 30℃，pH 7.5 条件下，每分钟内能够氧化 1 微摩尔还原型泛醌（CoQH$_2$）所需的酶量作为一个活性单位。反应 1 min 时，对照样品的线粒体电子传递链复合物 III 活性为 0.054 0 U/mg，CNT 处理的线粒体其复合物 III 活性为 0.047 5 U/mg；当反应至 2 min 时，对照样品的复合物 III 活性为降至 0.043 0 U/mg，CNT 处理样品活性则为 0.033 9 U/mg，结果表明 CNT 处理小幅降低了线粒体电子传递链复合物 III 的活性。

5.2.5　CNT 处理的线粒体电子传递链复合物 IV 活性分析

　　线粒体电子传递链复合物 IV（mitochondria complex IV），又称为细胞色素 C 氧化还原酶（cytochrome c oxidoreductase）或细胞色素 C 氧化酶（cytochrome c oxidase），存在于真核生物的细胞线粒体上，主要通过氧化磷酸化为细胞提供能量。呼吸链复合物 IV 是由 13 种不同的亚体构成的复合物,其中含有 2 个血红素(heme)基团(a 和 a3)和 2 个铜原子,作为辅基(prosthetic groups)。基于底物还原型细胞色素 C(reduced cytochrome c),受到电子传递链复合物 IV 的催化,转化为氧化型细胞色素 C(oxidized cytochrome c),在分光光度仪下,出现吸光值的变化(550 nm 波长),由此定量测定电子传递链复合物 IV 的活性。

测定值由高到低变化,对 20 s 的吸光度值进行了分析,发现对照和 CNT 处理样品的测定值均低于 0 s 测定读数,表明有复合物 IV 活性。线粒体电子传递链复合物 IV 酶活性单位浓度定义:在 25℃室温下,pH 7.0 的情况下,每单位酶在单位时间内(每分钟)氧化 1 μm 的细胞色素 C。反应 20 s 时,对照样品的线粒体电子传递链复合物 IV 活性为 0.121 5 U/mg,CNT 处理的线粒体其复合物 IV 活性为 0.042 8 U/mg,表明 CNT 处理降低了线粒体电子传递链复合物 IV 的活性。

5.2.6　CNT 处理的线粒体电子传递链复合物 V 活性分析

线粒体电子传递链复合物 V,通常称为 ATP 合成酶(ATP synthase)、F 型 ATP 酶(F type ATPase)和 F1F0 ATP 酶(F1F0 ATPase),是线粒体氧化磷酸化的终极反应。其分子量为 500 KD,含有 16 个亚单位,其中两个 ATP 酶 6 和 8 为线粒体 DNA 编码的。ATP 酶主要有两个结构域:F0 为质子通道,由几个膜蛋白构成,包括 a、b、c、d、e、F6、A6L、OSCP(oligomycin sensitive conferring protein)等;F1 催化活性结构域,由水溶性的 α3β3γδε 蛋白构成。其最特征性的酶活性是寡霉素敏感的 ATP 合成酶。复合物 V 的主要功能在于产生大部分细胞所需的能量 ATP。ATP 的合成需要线粒体内膜电子传递到氧分子时,呼吸链蛋白所产生的质子梯度变化。质子通过 F0 结构域传递到基质,激活 F1 催化活性结构域,促使 ATP 合成。基于 ATP,在寡霉素参与下,受到 F1F0 ATP 酶的水解,进而通过丙酮酸激酶(pyruvate kinase;PK)和乳酸脱氢酶(lactate dehydrogenase;LDH)反应系统中,还原型烟酰胺腺嘌呤二核苷酸(reduced nicotinamide adenine dinucleotide;NADH)转化为氧化型烟酰胺腺嘌呤二核苷酸(nicotinamide adenine dinucleotide;NAD),产生的吸光峰值的变化(340 nm),来定量分析 F1F0 ATP 酶活性。

由于通常反应 1 min 后比色测定值趋于稳定,测定值由高到低变化,测定可以持续 5 min。因此,分别对 1 min 和 5 min 的吸光度值进行了分析,发现对照和 CNT 处理样品的 1 min 和 5 min 测定值均低于 0 min 测定读数,表明有复合物 V 活性。线粒体电子传递链复合物 V 酶活性单位浓度定义:在 30℃温度下,pH 7.5 条件下,每分钟内能够氧化 1 微摩尔还原型烟酰胺腺嘌呤二核苷酸(NADH)所需的酶量作为一个活性单位。反应 1 min 时,对照样品的线粒体电子传递链复合物 V 活性为 0.100 7 U/mg,CNT 处理的线粒体其复合物 V 活性为 0.008 3 U/mg;当反应至 5 min 时,对照样品的复合物 V 活性为降至 0.008 3 U/mg,CNT 处理样品活性则为 0.003 3 U/mg,结果表明 CNT 处理降低了线粒体电子传递链复合物 V 的活性。

5.2.7　两个体系中百子莲 EC 线粒体电子传递链相关基因的表达分析

百子莲 EC 纯化的线粒体溶解于正常保存液和含有 0.1 g/L CNT 的保存液中,经过 4℃低温处理,发现 CNT 处理的线粒体的电子传递链复合物活性相对于对照线粒体较低。由于线粒体电子传递链复合物活性的测定必须用纯化的线粒体进行,若要了解 CNT 对超低温保存过程中百子莲 EC 线粒体电子传递链的调控作用,则采用分析电子传递链相关基因表达模式的方式。

所有的百子莲 EC 线粒体电子传递链相关基因在两个超低保存体系中相比于未处理 EC 均上调表达。通过综合分析线粒体电子传递链复合物 I、IV 和 V 相关的基因表达模式发现,常规体系冻融过程相关基因的表达水平在两个体系中最高,而 CNT 提高了脱水过程中复合物相关基因的表达。复合物 II 铁硫亚基相关基因在常规体系脱水和洗涤过程表达水平较高,而 CNT-PVS2 体系该基因则持续上调表达,而细胞色素 b 亚单位相关基因则表现出与复合物 I 相似的表达模式,即常规体系冻融过程基因的表达水平在两个体系中最高,而 CNT 提高了脱水和洗涤过程中基因的表达。复合物 III 的多数基因在脱水和冻融过程中,CNT-PVS2 体系的表达水平均高于常规体系。

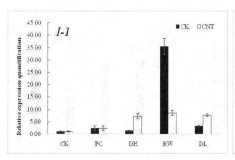

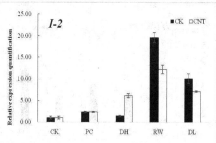

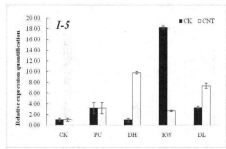

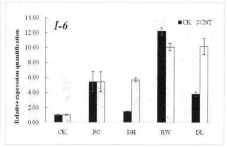

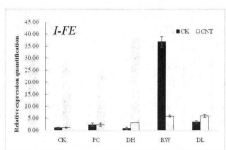

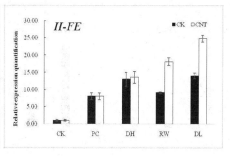

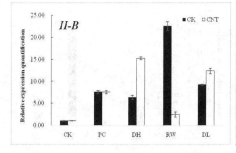

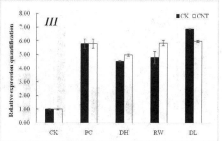

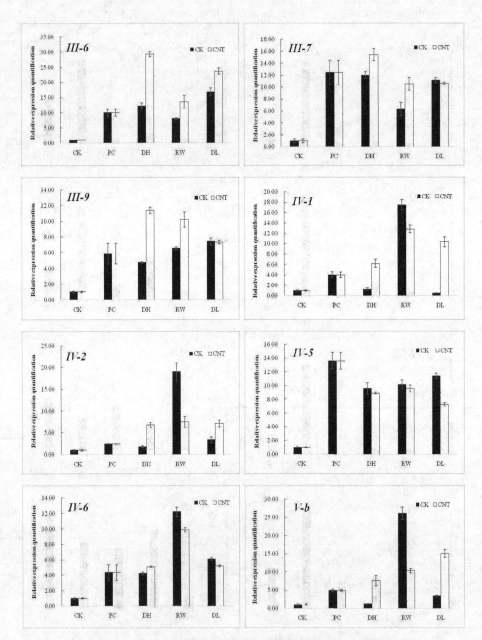

图 5-2 两个体系中百子莲 EC 线粒体电子传递链复合物基因表达分析

5.3 本章小结

由于线粒体是 EC 细胞中最为重要的细胞器,同时也是能量和 ROS 的主要来源,研究 CNT 对百子莲 EC 线粒体电子传递的调控作用发现,EC 纯化的线粒体保存于正常保存液和 CNT 保存液中,经过 4℃低温处理,CNT 提高了线粒体蛋白活性,同时降低了线粒体电子传递链复合物 I～V 的活性,这有利于降低 EC 细胞代谢水平并减少电子传递过程中 ROS 的产生,可有效降低氧化胁迫损伤程度。

对比百子莲 EC 在 CNT-PVS2 超低温保存体系与常规体系中线粒体电子传递链复合物 I～V 相关基因的定量分析,发现所有的百子莲 EC 线粒体电子传递链相关基因在两个体系中相比于未处理 EC 均上调表达。综合分析得出常规体系冻融过程线粒体电子传递链复合物 I、II 的细胞色素 b 亚单位、IV 和 V 相关的基因的表达水平在两个体系中最高,而 CNT 提高了脱水过程中复合物相关基因的表达。复合物 III 的多数基因在脱水和冻融过程中,CNT-PVS2 体系的表达水平均高于常规体系。结合氧化胁迫响应研究结果,发现常规体系在冻融过程中线粒体电子传递链复合物活性极具升高,同时产生了过量的 ROS,打破了 ROS 产生与清除的平衡,使细胞发生严重的膜脂过氧化,而 CNT-PVS2 体系中脱水处理阶段线粒体电子传递和 ROS 信号均小幅升高,使细胞预响应了复合胁迫环境,有利于应对之后的冷冻等一系列胁迫处理,使细胞始终保持较高的活性。

第6章 常规与 CNT-PVS2 超低温保存体系中百子莲细胞程序性死亡的研究

6.1 材料与方法

6.1.1 试验材料

细胞程序性死亡预实验发现百子莲 EC 细胞排布紧密且为多层排布,检测过程中多种荧光信号相互干扰导致检测荧光信号模糊。而百子莲愈伤组织细胞核较小,细胞排布相对疏松,能够完全悬浮于缓冲液中,在其细胞程序性死亡检测中可以清楚地观察到不同荧光信号的强弱,因此采用愈伤组织作为细胞程序性死亡检测的试验材料。试验材料处理同 3.1.1,对百子莲常规超低温保存体系与 CNT-PVS2 超低温保存体系中未处理、预培养、脱水、洗涤、恢复培养 24 h 后的样品进行细胞程序性死亡检测。

6.1.2 主要设备与仪器

Eppendorf 5415D 离心机,Thermo Multifuge X1 R 低温高速离心机,电热恒温水浴锅,pH 计,雪花制冰机,涡旋混合器,85－2 数显恒温磁力搅拌器,荧光显微镜,激光共聚焦显微镜。

6.1.3 实验药品及试剂

美国 Enzo Life Sciences 机构所生产的细胞凋亡/坏死检测试剂盒。其他药品及试剂同 4.1.3。

6.1.4 试验方法

采用细胞凋亡/坏死检测试剂盒(Enzo,美国)检测不同处理样品的细胞凋亡/坏死形态。试剂盒内包含检测早期细胞凋亡和晚期细胞坏死必需的所有试剂。按照说明书配制细胞凋亡/坏死双重监测试剂。阳性对照的细胞应用 1 μmol/L 的十字孢碱进行预处理 8 h,阴性对照的细胞应用在相同条件下处理相同时间。检测方法如下：

(1)将适量的细胞搜集到离心管中,1 000 g 室温离心 5 min;

(2)将不同处理的样品用 1×PBS 溶液清洗 2 遍;

(3)去除上清,加入 100 μL 显微镜双重检测试剂(见表 6-1),避光,室温孵育 15 min;

(4)去除管内检测液后,添加适量的 1×Binding Buffer 防止细胞干燥;

(5)取适量细胞放置于载玻片上,封片后用荧光显微镜和激光共聚焦显微镜于 488 nm 与 550 nm 镜检,并拍照[Cyanine-3 (Ex/Em：550/570 nm) and 7-AAD (Ex/Em：546/647 nm) and a GFP/FITC (Ex/Em：488/514 nm)]。

表 6-1 细胞凋亡/坏死双重检测试剂制备

试剂	总量/μL
1×Binding Buffer	500
Apoptosis Detection Reagent (AnnexinV-EnzoGold)	5
Necrosis Detection Reagent (Red)	5
Total Volume	510

6.2 结果与分析

6.2.1 百子莲超低温保存过程中细胞程序性死亡动态变化

如图 6-1 所示,细胞自噬检测的阳性对照的细胞发出明显的绿色荧光,细胞凋亡检测的阳性对照细胞发出明显的黄色荧光(见图 6-1a);未处理的细胞呈现出非常微弱的荧光信号(见图 6-1b)。

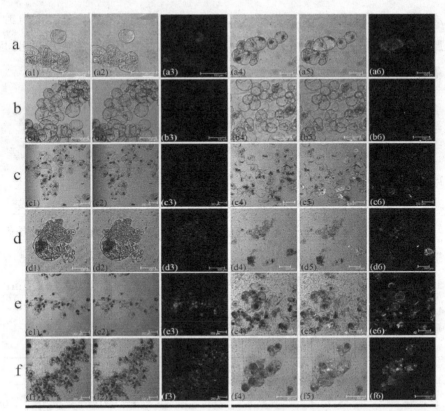

Autophagy detection   Apoptosis/Necrosis detection

图6-1　百子莲常规超低温保存过程中细胞程序性死亡检测

a:阳性对照细胞;b:未处理细胞;c:预培养;d:脱水;e:洗涤;f:恢复培养24 h。

(1)和(4):激光共聚焦显微镜明场图像;(2)和(5):明场和暗场复合图像;(3)和(6):激光共聚焦显微镜暗场图像;(3):绿色和蓝色荧光分别代表细胞自噬和核完整性;(6):黄色和红色荧光分别代表细胞凋亡和细胞坏死

在常规超低温保存过程中,细胞自噬荧光信号在脱水和洗涤阶段明显增强(见图6-1d,e);从预培养到恢复培养阶段整个超低温保存的过程,细胞都发生了细胞凋亡(见图6-1c~f),一些细胞在预培养和洗涤阶段发生坏死(见图6-1c,e)。在恢复培养24 h之后,所有类型的细胞程序性死亡(PCD)程度都有微弱缓解,但荧光强度均高于未处理样品的水平(见图6-1f)。结果表明,百子莲在超低温保存过程中一部分细胞发生了自噬,少部分细胞发生坏死,处理过程均伴随着细胞程序性死亡的发生。

6.2.2 CNT-PVS2 超低温保存体系中百子莲细胞程序性死亡的动态变化

在 CNT-PVS2 超低温保存体系中,细胞自噬荧光信号始终较弱,并低于常规体系的荧光信号(见图 6-2d-f);从脱水处理到恢复培养阶段,细胞的细胞凋亡和坏死程度也都较低(见图 6-2c-f),多个样品的多个视野范围仅能见到少量细胞发生了细胞自噬、细胞凋亡或坏死。结果表明,CNT 有效地

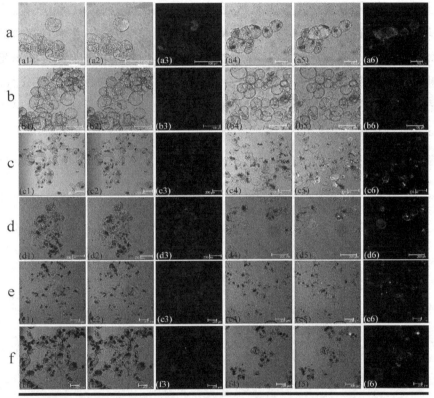

Autophagy detection　　Apoptosis/Necrosis detection

图 6-2　百子莲 CNT-PVS2 超低温保存过程中细胞程序性死亡检测

a:阳性对照细胞;b:未处理细胞;c:预培养;d:脱水;e:洗涤;f:恢复培养 24 h。

(1)和(4):激光共聚焦显微镜明场图像;(2)和(5):明场和暗场复合图像;(3)和(6):激光共聚焦显微镜暗场图像;(3):绿色和蓝色荧光分别代表细胞自噬和核完整性;(6):黄色和红色荧光分别代表细胞凋亡和细胞坏死

降低了超低温保存过程中细胞程序性死亡的发生,最终使细胞保持了较高的活性。

6.3　本章小结

常规超低温保存体系中,细胞自噬在脱水和洗涤阶段明显增强,从预培养到恢复培养整个超低温保存过程,都伴随着细胞凋亡的发生,部分细胞发生坏死,尤其是恢复培养 24 h 之后,所有类型的细胞程序性死亡程度均显著高于未处理样品的水平。在 CNT-PVS2 超低温保存体系中,细胞自噬情况始终较弱,并低于常规体系;从脱水处理到恢复培养阶段,细胞凋亡和坏死程度也都较低,仅能见到少量细胞发生了细胞自噬、细胞凋亡或坏死,CNT有效地降低了超低温保存过程中细胞程序性死亡的发生,最终使细胞保持了较高的活性。

第 7 章　常规与 CNT-PVS2 超低温保存体系中百子莲 EC 水通道蛋白的研究

7.1　材料与方法

7.1.1　试验材料
试验材料同 3.1.1。

7.1.2　主要设备与仪器
主要设备与仪器同 4.1.2。

7.1.3　实验药品及试剂
实验药品及试剂同 4.1.3。

7.1.4　试验方法
试验方法同 4.1.4.3,水通道蛋白基因引物列表见附录 3。

7.1.5　数据分析
数据分析方法同 4.1.5。

7.2　结果与分析

PIP 和 *TIP* 在两个体系中呈现相似的表达模式,即预培养过程中上调表达到整个过程的最高水平,后续处理过程中表达水平有所降低,但脱水和洗涤过程中,CNT-PVS2 体系的表达水平高于常规体系,冻融过程中,CNT-PVS2 体系的表达水平则显著低于常规体系。*SIP* 的总体表达模式也与前两个基因类似,但是常规体系解冻后其表达水平极显著提高,上调表达 4 倍以上。*AQP2* 在两个体系的预培养过程显著上调表达,并在脱水处理过程中

保持着相似的表达水平,但解冻后常规体系的表达水平显著提高,而 CNT-PVS2 体系则是在洗涤后显著上调表达(见图 7-1)。通过水通道蛋白综合分析发现,预培养过程对 EC 的水分渗透起到了重要的作用,CNT 渗透进入胞内提高了脱水过程中水通道蛋白的表达,有利于水分的渗透,而冻融过程中常规体系中水通道蛋白的极显著上调表达是细胞应激的一种表现,洗涤过程中,由于部分 CNT 从胞内的移出,对水通道蛋白起到了一定的作用,使水通道蛋白相较常规体系保持着稳定的表达水平。

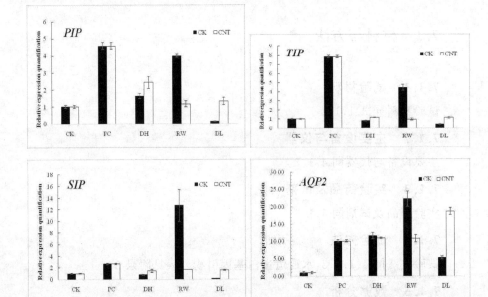

图 7-1 两个体系中百子莲 EC 水通道蛋白基因表达分析

7.3 本章小结

基于单壁碳纳米管具有仿生水通道的特性,对百子莲已知水通道蛋白的基因表达水平进行定量分析,多数水通道蛋白在两个体系的预培养过程中上调表达到整个过程的最高水平,后续处理过程中表达水平有所降低,但脱水和洗涤过程中,CNT-PVS2 体系的表达水平高于常规体系,冻融过程中,CNT-PVS2 体系的表达水平则显著低于常规体系,其中 SIP 在常规体系冻融过程中表达水平极显著提高。CNT 在百子莲 EC 超低温保存过程中对于水分运输相关基因有着重要的调控作用，CNT 渗透进入胞内提高了脱水过程中水通道蛋白的表达，有利于水分的渗透，而冻融过程中常规体系中水通道蛋白的极显著上调表达是细胞应激的一种表现，洗涤过程中，由于部分 CNT 从胞内的移出，对水通道蛋白起到了一定的作用，使水通道蛋白相较常规体系保持着稳定的表达水平。

第 8 章 结论与展望

8.1 结论

本研究通过在百子莲 EC 超低温保存低温保护剂 PVS2 中单因素添加单壁碳纳米管 CNT,提高百子莲 EC 冻后细胞活性,运用热力学、结构学、生理学和基因差异表达分析等手段揭示 CNT 改善百子莲 EC 超低温保存冻后细胞活性的作用机制,主要结论如下:

CNT 改善了 PVS2 的热物理性质,使低温保护剂的玻璃化转变温度小幅升高,并且在降温和升温过程中均未形成冰晶。CNT 在脱水过程中通过 CNT-PVS2 对 EC 的处理,进入 EC 细胞并主要分布在细胞壁附近,这有利于胞内水分的渗透和运输,并有部分 CNT 聚集在脱水处理产生的囊泡内。冻融后的洗涤处理使部分 CNT 移出了 EC 细胞,留存的 CNT 多呈管状碎片状并主要分布在囊泡内。对照常规体系的 EC 细胞超微结构,CNT-PVS2 体系中的 EC 保持了更加完整的细胞结构。

对比分析百子莲 EC 在 CNT-PVS2 超低温保存体系与常规体系中线粒体电子传递链及氧化胁迫响应生理指标和相关基因的表达情况,与常规体系相比较,CNT 使 MDA 和 H_2O_2 含量显著降低,CNT-PVS2 体系主要通过抗氧化酶 POD 和 CAT 清除过量的 ROS 组分,有效降低了氧化胁迫的损伤程度,常规体系则主要通过 AsA－GSH 循环和 GPX 循环来清除过量的 ROS 组分,且清除效果显著低于 CNT-PVS2 体系,常规体系冻融后的线粒体电子传递链复合物活性极具升高,同时 ROS 水平达到峰值,冻融是产生 ROS 诱导的氧化胁迫的最主要步骤。

CNT 对超低温保存过程中 ROS 信号转导亦存在重要的调控作用。常规体系在冻融过程中产生了过量的 ROS，ROS 信号转导显著增强，*OXI*1 在 ROS 信号转导中起到核心作用，*OXI* 在冻融后表达量达到峰值，并显著高于 CNT-PVS2 体系，*OXI* 下游的 *MAPK* 3/6 在常规体系冻融过程同样均上调表达。ROS 信号转导下游一方面有着积极的扩增循环 *NADPH oxidase*，另一方面是 ROS 清除网络。CNT-PVS2 体系激活下游扩增循环的同时，ROS 清除基因的响应也更为积极，这使 EC 在 CNT-PVS2 体系中保持着较为平衡、稳定的 ROS 信号水平，也决定了两个体系中的 EC 所承受 ROS 诱导的氧化胁迫程度的差异，并最终导致细胞冻后活性的差异。

CNT-PVS2 体系中脱水处理阶段线粒体电子传递和 ROS 信号均小幅升高，使细胞预响应了复合胁迫环境，有利于应对之后的冷冻等一系列胁迫处理，避免了发生像常规体系冻融过程中线粒体电子传递链复合物活性极具升高并产生过量 ROS 导致严重的氧化胁迫伤害，使细胞始终保持较高的活性

ROS 是启动细胞程序性死亡的重要活性分子，常规超低温保存体系中，细胞自噬在脱水和洗涤阶段明显增强，从预培养到恢复培养初期整个过程都伴随着细胞凋亡的发生。在 CNT-PVS2 超低温保存体系中，仅有少量细胞发生了细胞自噬、细胞凋亡或坏死，CNT 有效地降低了超低温保存过程中细胞程序性死亡的发生，最终使细胞保持了较高的活性。

CNT 在百子莲 EC 超低温保存过程中对于水通道蛋白有着重要的调控作用，CNT 渗透进入/移出胞内提高了脱水/洗涤过程中水通道蛋白的表达，有利于水分的渗透，而冻融过程中常规体系中水通道蛋白的极显著上调表达是细胞应激的一种表现。

8.2　展望

8.2.1　纳米低温保护剂对蛋白质组的调控

通过本研究可以看出，碳纳米材料对于超低温保存过程中的生物材料具有多方面的调控作用，但本研究目前仅在部分重要相关基因的表达模式

方面进行了分析,结合相关代谢产物等生理分析,得到初步结论,若进一步进行蛋白质组学层面的研究,更有利于探究碳纳米材料对超低温保存体系中生物材料的调控机制,因此,本研究已进一步将常规体系与CNT-PVS2体系的百子莲EC进行取样,并将利用iTRAQ技术进行比较蛋白质组学分析,今后的研究结果将更加完善本研究的结论。

8.2.2　更多种碳纳米材料的筛选和应用

本研究框架的确定是基于2014年对单壁碳纳米管、石墨烯和石墨烯量子点对百子莲EC超低温保存体系优化结果进行系统深化而来,所选碳纳米材料有限,仅选择了较具代表性的片状、管状和点状纳米材料,今后可进一步丰富碳纳米材料的选用类型,如球状富勒烯等,以进一步拓展纳米低温保护剂的范围。

8.2.3　生物物理学在碳纳米材料对植物调控作用研究中的应用

关于碳纳米材料对线粒体电子传递链的调控作用,本研究主要从复合物活性及相关基因表达情况入手,今后利用生物物理学手段,进一步研究碳纳米材料对线粒体电子传递链效率及电子传递的调控作用,能更加完善本研究的结论。

附　　录

附录 1　氧化胁迫响应相关基因 qRT-PCR 引物列表

基因	引物序列
ACTIN	5'-CAGTGTCTGGATTGGAGG-3'
	5'-TAGAAGCACTTCCTGTG-3'
APX	5'-CTAAGCGGAGCATCAAGG-3'
	5'-AACAGTGAGCGAGGAGTA-3'
CAT	5'-TCGTGGATAACAGTGGAG-3'
	5'-AGGACTACCATCTCATCG-3'
Cu/Zn SOD	5'-AATCGCTGAGGCAACTAT-3'
	5'-ATGAACCACAAATGCTCTC-3'
GPX1	5'-GATGCGGCTGATTGAGAT-3'
	5'-CTTGCTCTTCCTCTGCTT-3'
GR	5'-TTGTGTTCTTCGTGGATG-3'
	5'-TTAGGCTCAGTCTCATAGTT-3'
MDHAR	5'-CTTCTTCGCTTGTATTGTTG-3'
	5'-GTCTCATCATTGCTACTGG-3'
Fe SOD	5'-CATCCCATCAAGACGAAACT-3'
	5'-GAGTGAAGCAAGACGAGAG-3'
NADPH oxidase	5'-GGCATCCATTCTCCATTAC-3'
	5'-GTCCACTTCTTCCATTCATT-3'
POD	5'-ACAAGAGGCACAAGAACA-3'
	5'-TGAATCCAGCAGCAATGA-3'

（续表）

基因	引物序列
Peroxiredoxin	5'-CGGATATGCCATCATCTTCT-3'
	5'-TCCACTCCTTGTGACTCT-3'
*OXI*1	5'-TCGCCGAAGGAATACAAG-3'
	5'-ACATTTGGGTGGTCTATCAA-3'
*MAPK*3	5'-ACGAAGAATTGGAAGAAGGA-3'
	5'-AACCACAAGCACCATACA-3'
*MAPK*6	5'-TGTAGCCGAAGGAATCATAA-3'
	5'-GTAAGAGCGAAGAAGATAACG-3'
AOX	5'-TCGGTGTAAGAATGAATGG-3'
	5'-TGAAGAAGCAGAGAATGAG-3'

附录 2　线粒体电子传递链相关基因 qRT-PCR 引物列表

基因	缩写	引物序列
NADH dehydrogenase subunit 1	*I-1*	5'-AACCAGCAGACATCATCAT-3' 5'-GCCAAGAGCCATAGTTAGT-3'
NADH dehydrogenase subunit 2	*I-2*	5'-CACTCTCGGCTTGGATTA-3' 5'-GGTTCGGCATCTACTACA-3'
NADH dehydrogenase subunit 5	*I-5*	5'-CGAGTGTCTTCTTGGATAGT-3' 5'-GAACGAGCGGAATCAATG-3'
NADH dehydrogenase subunit 6	*I-6*	5'-TAATGAGGAGGACGACAGA-3' 5'-GAAGACTTTGGTTAGGGTTTG-3'
NADH dehydrogenase Fe-S protein 3	*I-FE*	5'-CGGATGATTGATGGAAGAA-3' 5'-CAGACGAAGTAACACGAATA-3'
succinate dehydrogenase （*ubiquinone*）*iron-sulfur subunit*	*II-FE*	5'-CGCACAAGATACACTCGTA-3' 5'-TGGCTCAAGAGGAAGGAT-3'
succinate dehydrogenase （ *ubiquinone* ） *cytochrome* *b560 subunit*	*II-B*	5'-ATCGTAGCAGAGCACTTC-3' 5'-AGCCAGATGAGGTGATAATG-3'
ubiquinol-cytochrome c reductase *complex protein*	*III*	5'-GAAGGAAGAGGAGGATACATTA-3' 5'-GATTGGTTGAAGAAGCAGTT-3'
ubiquinol-cytochrome c reductase *subunit* 6	*III-6*	5'-GGAATGGCATCTAATAACTC-3' 5'-GATTACTGGTCTTGTGTTG-3'
ubiquinol-cytochrome c reductase *subunit* 7	*III-7*	5'-CAGGACTCAGAGGCTCAA-3' 5'-TCTTCACAAGTTCCAACATAGG-3'
ubiquinol-cytochrome c reductase *subunit* 9	*III-9*	5'-CCATAGAAGCACAACATCAG-3' 5'-AAGGCAGTCCGAGTAATG-3'
cytochrome c oxidase subunit 1	*IV-1*	5'-CTGTTAGGTTCTTAGTAGCA-3' 5'-CACACTTGAATGGATGGTA-3'
cytochrome c oxidase subunit 2	*IV-2*	5'-CTTCGCTATCGCTCCTATG-3' 5'-CTCGTCTTGCTTGCTTCT-3'

（续表）

基因	缩写	引物序列
cytochrome c oxidase subunit 5b	IV-5	5'-CCTGCTGTCATTCAATCCT-3'
		5'-CTCCTCCGTCTCCGATAA-3'
cytochrome c oxidase subunit 6a	IV-6	5'-CCTTGACGGTTGACAGAA-3'
		5'-CCTTGGTTGAAGCAGTCT-3'
F-type H +-transporting ATPase subunit b	V-b	5'-TTGCTTGCTCGGATTGTT-3'
		5'-GCATTCGCCACTCGTATT-3'

附录 3　水通道蛋白 qRT-PCR 引物列表

基因	引物序列
SIP	5'-TTCACTGGTGCTATTCTTG-3'
	5'-TTACGGTTATGCCTTCTTG-3'
PIP	5'-TCCGTAGCGAGAGTAGTA-3'
	5'-ACATAAACCCAGCAGTGA-3'
TIP	5'-ATGAGTCCGATGGCTAAG-3'
	5'-GTGGCTTCTATCCTCCTT-3'
AQP 2	5'-AGACAGCAAGGACTACAAG-3'
	5'-ACAAGAAGGTGGCAATGA-3'

参考文献

[1] 马千全,徐立,李志英,等.植物种质资源超低温保存技术研究进展[J].热带作物学报,2007,28(1):102-110.

[2] Engelmann F. Cryopreservation of embryos: an overview, in: Thorpe T A, Yeung E C (Eds.), Plant embryo culture. Methods in molecular biology (methods and protocols)[M]. Humana Press, New York, 2011.

[3] Reed B M. Implementing cryogenic storage of clonally propagated plants[J]. Cryo-Lett, 2001, 22: 97-104.

[4] Sakai A, Hirai D, Niino T. Development of PVS-based vitrification and encapsulation-vitrification protocols, in: Reed B M (Ed.), Plant cryopreservation: a practical guide[M]. Springer, New York, 2008.

[5] Sakai A. Plant cryopreservation, in: Fuller B J, Lane N, Benson E E (Eds.), Life in the frozen state[M]. CRC Press, Boca Raton, 2004.

[6] Langis R, Schnabel B J, Earle E D. Cryopreservation of carnation shoot tips by vitrification[J]. Cryobiology, 1990, 27: 657.

[7] Volk G M, Walters C. Plant vitrification solution 2 lowers water content and alters freezing behaviour in shoot tips during cryoprotection[J]. Cryobiology, 2006, 52: 48-61.

[8] Uchendu E E, Leonard S W, Traber M G, et al. Vitamins C and E improve regrowth and reduce lipid peroxidation of blackberry shoot tips following cryopreservation[J]. Plant Cell Rep, 2010, 29: 25-35.

[9] Mazur P, Leibo S P, Chu E H Y. A two-factor hypothesis of freezing

injury: Evidence from Chinese hamster tissue-culture cells[J]. Exp Cell Res, 1972, 71(2): 345-355.

[10] Mazur P. Principles of cryobiology, in: Fuller B, Lane N, Benson E E (Eds.), Life in the Frozen State[M]. CRC Press, Boca Raton, FL, 2004.

[11] Tao D, Li P H, Carter J V. Role of cell wall in freezing tolerance of cultured potato cells and their protoplasts[J]. Physiol Plantarum, 1983, 58(4): 527-532.

[12] Halliwell B, Whiteman M. Measuring reactive species and oxidative damage in vivo and in cell culture: how should you do it and what do the results mean[J]. Br J Pharmacol, 2004, 142: 231-255.

[13] Halliwell B. Reactive species and antioxidants: redox biology is a fundamental theme of aerobic life[J]. Plant Physiol, 2006, 141: 312-322.

[14] Benson E E, Withers L A. Gas-chromatographic analysis of volatile hydrocarbon production by cryopreserved plant-tissue cultures—a nondestructive method for assessing stability[J]. Cryo-Lett, 1987, 8: 35-46.

[15] Benson E E, Noronhadutra A A. Chemi-luminescence in cryopreserved plant-tissue cultures—the possible involvement of singlet oxygen in cryoinjury[J]. Cryo-Lett, 1988, 9: 120-131.

[16] Benson E E, Lynch P T, Jones J. The detection of lipid peroxidation products in cryoprotected and frozen rice cells—consequences for postthaw survival[J]. Plant Sci, 1992, 85: 107-114.

[17] Varghese B, Naithani S C. Oxidative metabolism-related changes in cryogenically stored neem (*Azadirachta indica* A. Juss) seeds[J]. J Plant Physiol, 2008, 165: 755-765.

[18] Fang J Y, Wetten A, Johnston J. Headspace volatile markers for sensitivity of cocoa (*Theobroma cacao* L.) somatic embryos to

cryopreservation[J]. Plant Cell Rep, 2008, 27: 453-461.

[19] Wen B, Wang R L, Cheng H Y, et al. Cytological and physiological changes in orthodox maize embryos during cryopreservation[J]. Protoplasma, 2010, 239: 57-67.

[20] Wen B, Cai C T, Wang R L, et al. Cytological and physiological changes in recalcitrant Chinese fan palm (*Livistona chinensis*) embryos during cryopreservation [J]. Protoplasma, 2012, 249: 323-335.

[21] 吴元玲.大苞鞘石斛玻璃化法超低温保存技术的研究[D].上海:上海交通大学,2011.

[22] Storey K B. Reptile freeze tolerance: Metabolism and gene expression[J]. Cryobiology, 2006, 52: 1-16.

[23] Johnston J W, Harding K, Benson E E. Antioxidant status and genotypic tolerance of *Ribes* in vitro cultures to cryopreservation [J]. Plant Sci, 2007, 172: 524-534.

[24] Margesin R, Neuner G, Storey K B. Cold-loving microbes, plants, and animals-fundamental and applied aspects[J]. Naturwissenschaften, 2007, 94: 77-99.

[25] Volk G M. Application of functional genomics and proteomics to plant cryopreservation[J]. Curr Genomics, 2010, 11: 24-29.

[26] Lynch P T, Siddika A, Johnston J W, et al. Effects of osmotic pretreatments on oxidative stress, antioxidant profiles and cryopreservation of olive somatic embryos[J]. Plant Sci, 2011, 181: 47-56.

[27] Ren L, Zhang D, Jiang X N, et al. Peroxidation due to cryoprotectant treatment is a vital factor for cell survival in *Arabidopsis* cryopreservation[J]. Plant Sci, 2013, 212: 37-47.

[28] Mittler R, Vanderauwera S, Gollery M, et al. Reactive oxygen gene network of plants[J]. Trends Plant Sci, 2004, 9(10): 490-498.

［29］ Zhang D，Ren L，Chen G Q，et al. ROS-induced oxidative stress and apoptosis-like event directly affect the cell viability of cryopreserved embryogenic callus in *Agapanthus praecox*［J］. Plant Cell Rep，2015，34：1499-1513.

［30］ Erica E B，Paul T L，June J. The use of the iron chelating agent desferrioxamine cryopreservation：a novel approach for improving in rice cellrecovery［J］. Plant Sci，1995，110：249-258.

［31］ Wang Z C，Deng X X. Cryopreservation of shoot-tips of citrus using vitrification：effect of reduced form of glutathione［J］. Cryo-Lett，2004，25：43-50.

［32］ Uchendu E E，Muminova M，Gupta S，et al. Antioxidant and anti-stress compounds improve regrowth of cryopreserved *Rubus* shoot tips［J］. In Vitro Cell Dev Biol—Plant，2010，46：386-393.

［33］ Zhao Y，Qi L W，Wang W M，et al. Melatonin improves the survival of cryopreserved callus of *Rhodiola crenulata*［J］. J Pineal Res，2011，50：83-88.

［34］ Tessereau H，Florin B，Meschine M C，et al. Cryopreservation of somatic embryos：a tool for germplasm storage and commercial delivery of selected plants［J］. Ann Bot，1994，74(5)：547-555.

［35］ 胡明珏. 拟南芥悬浮细胞超低温保存及脱落酸在胁迫信号转导途径中的作用研究［D］.杭州：浙江大学，2003.

［36］ Ludovic L，Florence M，Florence D，et al. Effect of exogenous calcium on post-thaw growth recovery and subsequent plant regeneration of cryopreserved embryogenic calli of*Hevea brasiliensis*(Müll. Arg.)［J］. Plant Cell Rep，2007，26：559-569.

［37］ Ryynanen L，Haggman H. Substitution of ammonium ions during cold hardening and post-thaw cultivation enhances recovery of cryopreserved shoot tips of*Betula pendula*［J］. J Plant Physiol，1999，154：735-742.

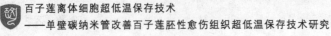
[38] Ryynanen L，Haggman H. Recovery of cryopreserved silver birch shoot tips is affected by the pre-freezing age of the cultures and ammonium substitution[J]. Plant Cell Rep，2001，20：354-360.

[39] Decruse S W，Seeni S，Nair G M. Preparative procedures and culture medium affect the success of cryostorage of *Holostemma annulare* shoot tips[J]. Plant Cell Tiss Org，2004，76：179-182.

[40] Wang H Y，Inada T，Funakoshi K，et al. Inhibition of nucleation and growth of ice by poly（vinyl alcohol）in vitrification solution [J]. Cryobiology，2009，59：83-89.

[41] Daisuke K，Jun K，Keita A，et al. Improved cryopreservation by diluted vitrification solution with supercooling-facilitating flavonol glycoside[J]. Cryobiology，2008，57：242-245.

[42] Zhang D，Deng S Y，Fan S G，et al. Application of engineered carrot antifreeze protein in the cryopreservation of rice cells by adsorbing into ice surface to inhibit recrystallization ［C］. International Conference on Bioinformatics & Biomedical Engineering，Beijing，2009.

[43] 张荻. 百子莲花芽分化及开花机理研究[D]. 哈尔滨：东北林业大学,2011.

[44] Suzuki S，Oota M，Nakano M. Embryogenic callus induction from leaf explants of the Liliaceous ornamental plant，*Agapanthus praecox* ssp. *orientalis Leighton*：Histological study and response to selective agents[J]. Sci Hortic-Amsterdam，2002，95(1)：123-132.

[45] 刘芳伊,高永鹤,尚爱芹. 百子莲组培快繁与植株再生[J]. 北方园艺,2011(13):121-124.

[46] 胡仲义,何月秋. 百子莲组织培养及植株再生研究[J]. 北方园艺,2011(10):044.

[47] 范现丽. 蓝百合快速繁殖技术的研究[D]. 上海：上海交通大学,2009.

[48] 张洁. ROS诱导的氧化胁迫与细胞凋亡对百子莲愈伤组织超低温保存

细胞活性的影响机制[D].上海:上海交通大学,2015.

[49] 李晓丹.百子莲胚性愈伤组织玻璃化法超低温保存技术的研究[D].哈尔滨:东北林业大学,2013.

[50] 陈冠群,李晓丹,申晓辉.百子莲胚性愈伤组织玻璃化法超低温保存体系建立及遗传稳定性分析[J].上海交通大学学报(农业科学版),2014(5):76-83,94.

[51] 陈冠群.基于拟南芥抗氧化机制优化百子莲胚性愈伤组织超低温保存体系[D].上海:上海交通大学,2014.

[52] 王路尧.外源碳纳米材料对4种园林植物超低温保存过程中细胞活力的影响机制[D].上海:上海交通大学,2014.

[53] 李维杰,周新丽,刘宝林,等.纳米颗粒在低温保护剂中分散性研究[J].低温与超导,2013,41(6):13-16.

[54] Han X, Ma H B, Wilson C, et al. Effects of nanoparticles on the nucleation and devitrification temperatures of polyol cryoprotectant solutions[J]. Microfluid Nanofluid, 2008, 4: 357-361.

[55] Hao B, Liu B. Thermal properties of PVP cryoprotectants with nanoparticles[J]. Journal of Nanotechnology in Engineering and Medicine, 2011, 2: 021015.

[56] 徐海峰,刘宝林,郝保同,等.纳米低温保护剂水合及玻璃化性质的DSC研究[J].低温物理学报,2011,33(6):458-462.

[57] 刘连军,徐海峰,郝保同,等.纳米微粒对低温保护剂比热容的影响[J].制冷学报,2012,33(4):55-60.

[58] 吕福扣,刘宝林,李维杰.HA纳米微粒对PEG-600低温保护剂反玻璃化结晶的影响[J].低温物理学报,2012,34(4):315-320.

[59] 李维杰,周新丽,刘宝林,等.纳米颗粒对猪GV期卵母细胞低温保存效果的影响[J].中国生物医学工程学报,2013,32(5):601-605.

[60] 李维杰,周新丽,吕福扣,等.纳米低温保护剂提高卵母细胞玻璃化保存效果的机理初探[J].制冷学报,2014,35(1):114-118.

[61] 郝保同,刘宝林.纳米微粒在细胞低温保存中的应用[J].中国组织工程

研究与临床康复,2008,12(41):8140-8142.

[62] 狄德瑞,何志祝,刘静.生物材料纳米低温保存技术研究进展[J].化工学报,2011,62(7):1781-1789.

[63] Aslani F, Bagheri S, Julkapli N M, et al. Effects of engineered nanomaterials on plants growth: An overview[J]. The Scientific World Journal, 2014, Article ID 641759.

[64] Khodakovskaya M, Dervishi E, Mahmood M, et al. Carbon nanotubes are able to penetrate plant seed coat and dramatically affect seed germination and plant growth[J]. ACS Nano, 2009, 3: 3221-3227.

[65] Khodakovskaya M, de Silva K, Nedosekin D, et al. Complex genetic, photothermal, and photoacoustic analysis of nanoparticle-plant interactions[J]. PNAS, 2011, 108: 1028-1033.

[66] Khodakovskaya M V, Kim B S, Kim J N, et al. Carbon nanotubes as plant growth regulators: effects on tomato growth, reproductive system, and soil microbial community [J]. Small, 2013, 14: 115-123.

[67] Serag M F, Kaji N, Gaillard C, et al. Trafficking and subcellular localization of multiwalled carbon nanotubes in plant cells[J]. ACS Nano, 2011, 5: 493-499.

[68] Serag M F, Kaji N, Habuchi S, et al. Nanobiotechnology meets plant cell biology: carbon nanotubes as organelle targeting nanocarriers[J]. RSC Adv, 2013, 3: 4856-4862.

[69] Hummer G, Rasaiah J C, Noworyta J P. Water conduction through the hydrophobic channel of a carbon nanotube[J]. Nature, 2001, 414: 188-190.

[70] Wan R, Li J, Lu H, et al. Controllable water channel gating of nanometer dimensions[J]. J Am Chem Soc, 2005, 127: 7166-7170.

[71] Lahiani M H, Dervishi E, Chen J, et al. Impact of carbon nanotube

exposure to seeds of valuable crops[J]. ACS Appl Mater Inter, 2013, 5: 7965-7973.

[72] Khodakovskaya M V, de Silva K, Biris A S, et al. Carbon nanotubes induce growth enhancement of tobacco cells[J]. ACS Nano, 2012, 6: 2128-2135.

[73] Villagarcia H, Dervishi E, de Silva K, et al. Surface chemistry of carbon nanotubes impacts the growth and expression of water channel protein in tomato plants[J]. Small, 2012, 8: 2328-2334.

[74] Giraldo J P, Landry M P, Faltermeier S M, et al. Plant nanobionics approach to augment photosynthesis and biochemical sensing[J]. Nat Mater, 2014, 13: 400-408.

[75] 周军,朱海珍.乙烯诱导胡萝卜原生质体凋亡[J].植物学报,1999,41(7):747-750.

[76] 孙英丽,赵允.细胞色素 c 能诱导植物细胞编程性死亡[J].植物学报,1999,41(4):379-383.

[77] Lennon S, Martin S, Cotter T. Dose-dependent induction of apoptosis in human tumour cell lines by widely diverging stimuli[J]. Cell Proliferat, 1991, 24(2): 203-214.

[78] Martre P, Morillon R, Barrieu F, et al. Plasma membrane aquaporins play a significant role during recovery from water deficit [J]. Plant Physiol, 2002, 130(4): 2101-2110.

[79] Siefritz F, Tyree M T, Lovisolo C, et al. PIP1 plasma membrane Aquaporins in tobacco from cellular effects to function in plants[J]. Plant Cell, 2002, 14(4): 869-876.

[80] Tyerman S D, Niemietz C, Bramley H. Plant aquaporins: multifunctional water and solute channels with expanding roles[J]. Plant Cell Environ, 2002, 25(2): 173-194.

[81] Maurel C, Reizer J, Schroeder J I, et al. The vacuolar membrane protein gamma-TIP creates water specific channels in Xenopus

oocytes[J]. EMBO J, 1993, 12(6): 2241-2247.

[82] Johanson U, Karlsson M, Johansson I, et al. The complete set of genes encoding major intrinsic proteins in Arabidopsis provides a framework for a new nomenclature for major intrinsic proteins in plants[J]. Plant Physiol, 2001, 126(4): 1358-1369.

[83] Quigley F, Rosenberg J M, Shachar-Hill Y, et al. From genome to function: the Arabidopsis aquaporins[J]. Genome Biol, 2002, 3 (1): 1-17.

[84] Chaumont F, Barrieu F, Wojcik E, et al. Aquaporins constitute a large and highly divergent protein family in maize [J]. Plant Physiol, 2001, 125(3): 1206-1215.

[85] Sakurai J, Ishikawa F, Yamaguchi T, et al. Identification of 33 rice aquaporin genes and analysis of their expression and function[J]. Plant Cell Physiol, 2005, 46(9): 1568-1577.

[86] Kaldenhoff R, Fischer M. Functional aquaporin diversity in plants [J]. BBA-Biomembranes, 2006, 1758(8): 1134-1141.

[87] Maurel C. Plant aquaporins: novel functions and regulation properties[J]. FEBS lett, 2007, 581(12): 2227-2236.

[88] Flexas J, Ribas-carbó M, Hanson D T, et al. Tobacco aquaporin NtAQP1 is involved in mesophyll conductance to CO_2 in vivo[J]. Plant J, 2006, 48(3): 427-439.

[89] Uehlein N, Otto B, Hanson D T, et al. Function of *Nicotiana tabacum* aquaporins as chloroplast gas pores challenges the concept of membrane CO_2 permeability [J]. Plant Cell, 2008, 20 (3): 648-657.

[90] Isayenkov S V, Maathuis F J M. The *Arabidopsis thaliana* aquaglyceroporin AtNIP7; 1 is a pathway for arsenite uptake[J]. FEBS lett, 2008, 582(11): 1625-1628.

[91] Kamiya T, Tanaka M, Mitani N, et al. NIP1; 1, an aquaporin

homolog, determines the arsenite sensitivity of *Arabidopsis thaliana* [J]. J Biol Chem, 2009, 284(4): 2114-2120.

[92] Zhao F J, Ago Y, Mitani N, et al. The role of the rice aquaporin Lsi1 in arsenite efflux from roots[J]. New Phytol, 2010, 186(2): 392-399.

[93] Soto G, Alleva K, Mazzella M A, et al. AtTIP1; 3 and AtTIP5; 1, the only highly expressed Arabidopsis pollen-specific aquaporins, transport water and urea[J]. FEBS lett, 2008, 582(29): 4077-4082.

[94] Bienert G P, Mφller A L B, Kristiansen K A, et al. Specific aquaporins facilitate the diffusion of hydrogen peroxide across membranes[J]. J Biol Chem, 2007, 282(2): 1183-1192.

[95] Choi W G, Roberts D M. Arabidopsis NIP2; 1, a major intrinsic protein transporter of lactic acid induced by anoxic stress[J]. J Biol Chem, 2007, 282(33): 24209-24218.

[96] Ma N, Xue J, Li Y, et al. Rh-PIP2; 1, a rose aquaporin gene, is involved in ethylene-regulated petal expansion[J]. Plant Physiol, 2008, 148(2): 894-907.

[97] Jang J Y, Kim D G, Kim Y O, et al. An expression analysis of a gene family encoding plasma membrane aquaporins in response to abiotic stresses in *Arabidopsis thaliana*[J]. Plant Mol Biol, 2004, 54(5): 713-725.

索 引

J

聚合酶链式反应

聚乙烯吡咯烷酮

聚乙烯醇

K

抗冻蛋白

抗坏血酸

抗坏血酸过氧化物酶

抗氧化剂

考马斯亮蓝

快速冷冻

L

拉曼光谱

类黄酮

离子毒害

离子通道

硫辛酸

氯代三苯基四氮唑

M

慢速冷冻

膜电位

膜脂过氧化

N

纳米微粒羟基磷灰石

囊泡

W

维生素 C

X

细胞程序性死亡

细胞凋亡

细胞自噬

硝酸铅

Y

氧化磷酸化

氧化胁迫

液氮

乙二醇

愈伤组织

Z

蔗糖